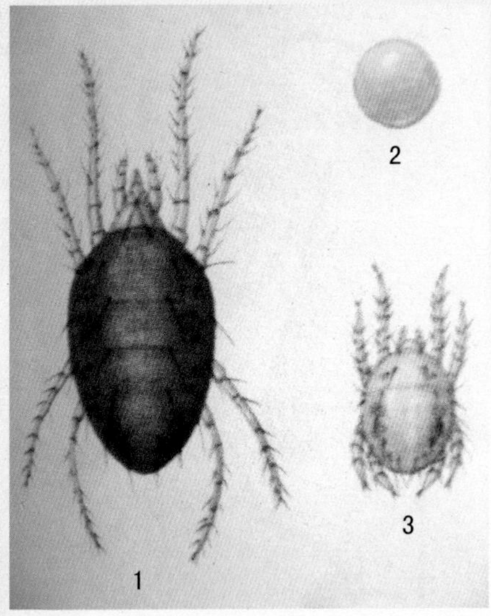

图 5　棉红蜘蛛
1 成虫、2 卵、
3 若虫

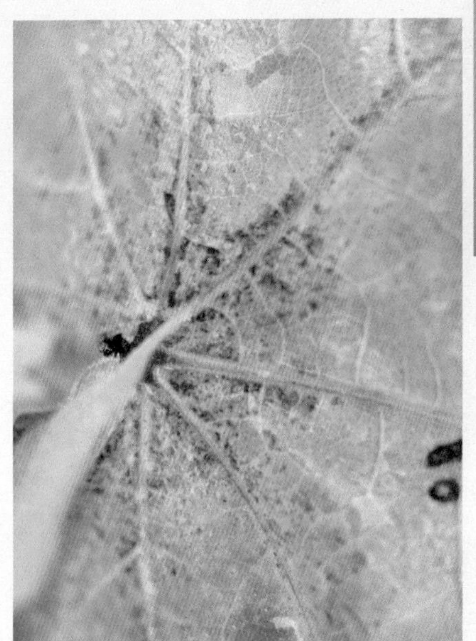

图 6　棉红蜘蛛为
害叶片的正面症状

图 7　棉红蜘蛛为
害叶片的背面症状

图 8 棉蓟马成虫

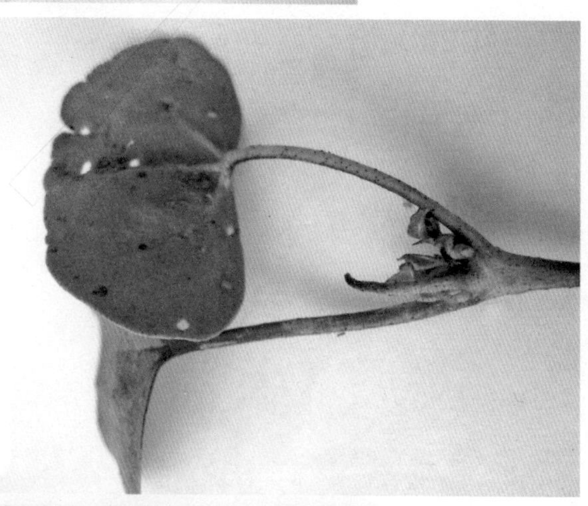

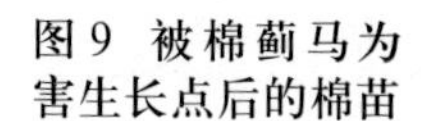

图 9 被棉蓟马为害生长点后的棉苗

图 10 棉盲蝽象为害叶片状

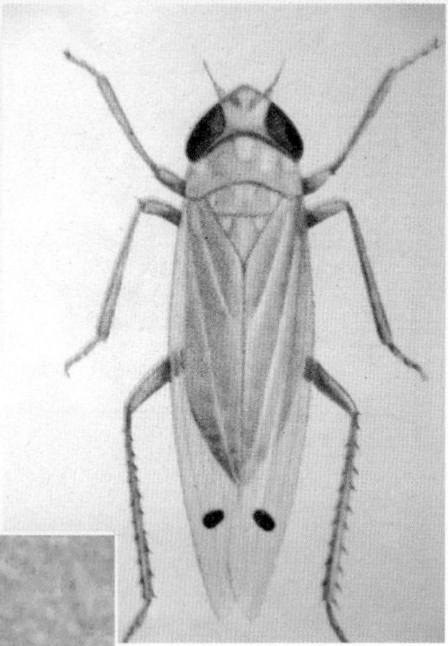

图 11 棉叶蝉成虫

图 12 棉叶蝉成虫为害状

图 13 棉粉虱

图 14　棉粉虱为害状

图 15　棉大造桥虫幼虫

图 16　棉小造桥虫幼虫及为害状

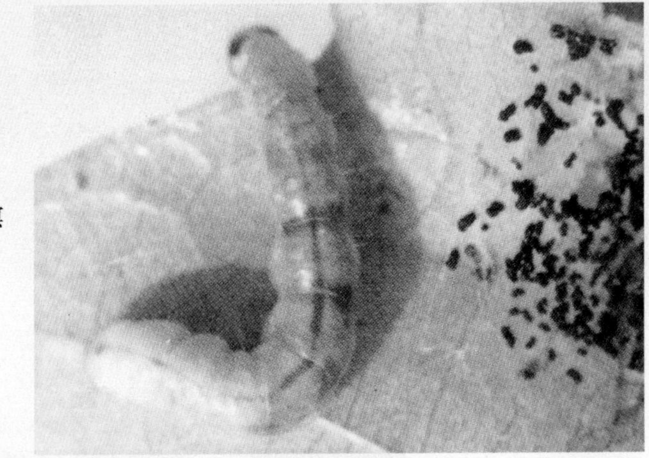

图 17 棉大卷叶螟幼虫

图 18 棉大卷叶螟为害状

图 19 银纹夜蛾成虫

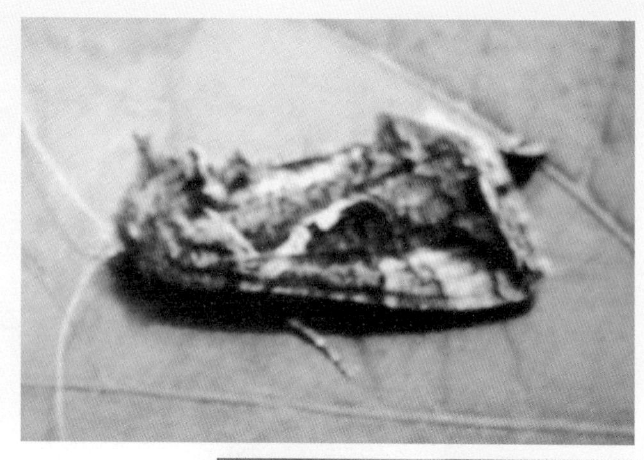

图 20 银纹夜蛾成虫俯伏状

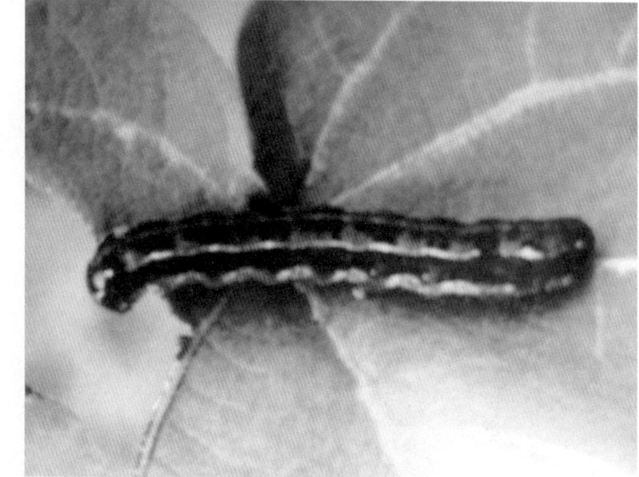

图 21 斜纹夜蛾老熟幼虫

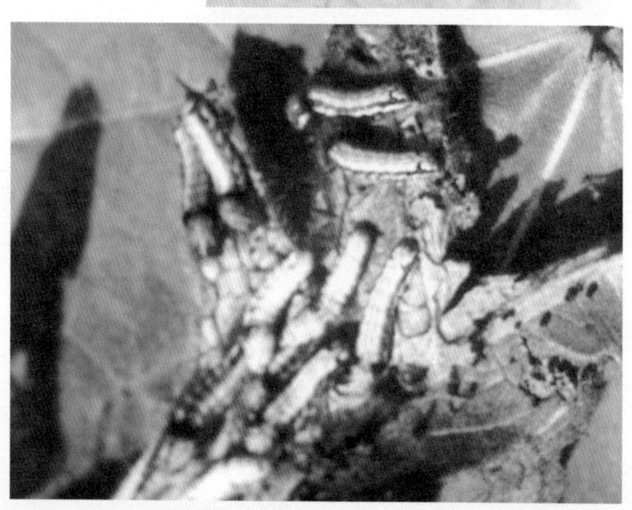

图 22 斜纹夜蛾低龄幼虫分散前群集为害状

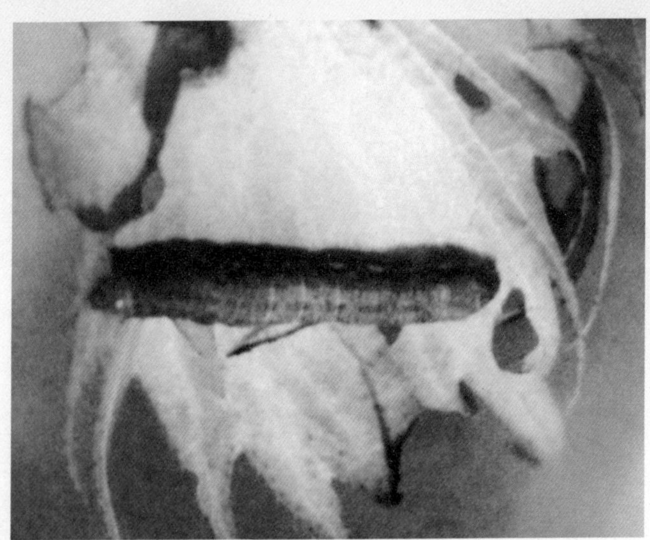

图 23 甜菜夜蛾幼虫

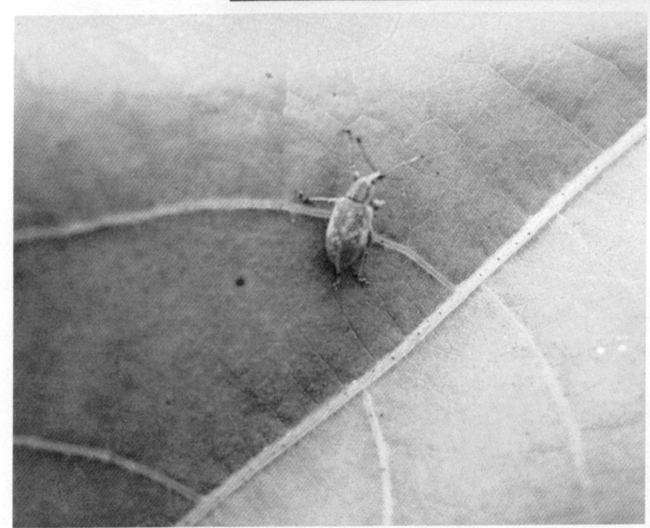

图 24 棉小象鼻虫若虫背面

图 25 中华稻蝗成虫

图 26 短额负蝗

图 27 日本黄脊蝗

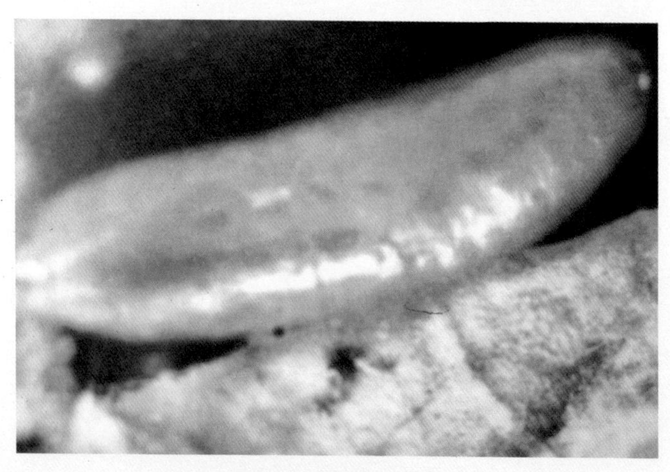
图 28 美洲斑潜蝇幼虫

图 29　美洲斑潜蝇为害状

图 30　大地老虎成虫

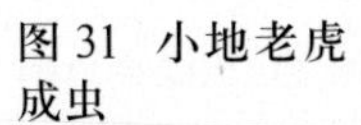

图 31　小地老虎成虫

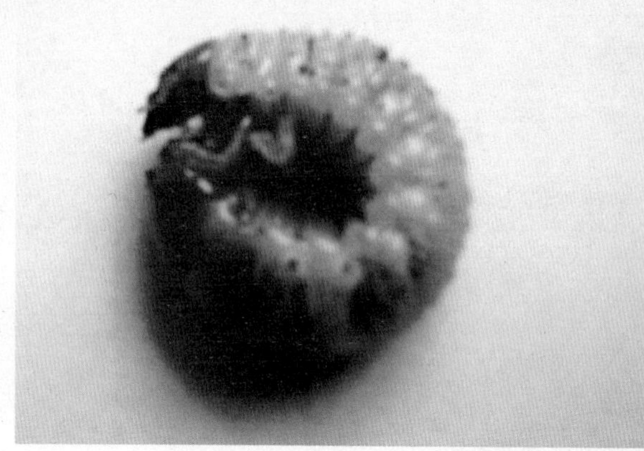

图 32 蛴螬

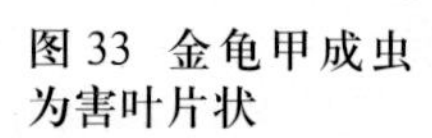

图 33 金龟甲成虫为害叶片状

图 34 铜绿金龟甲

图 35 华北蝼蛄若虫

图 36 蜗牛成贝

图 37 蜗牛为害棉苗状

图 38 棉苗立枯病死苗

图 39 棉花炭疽病苗

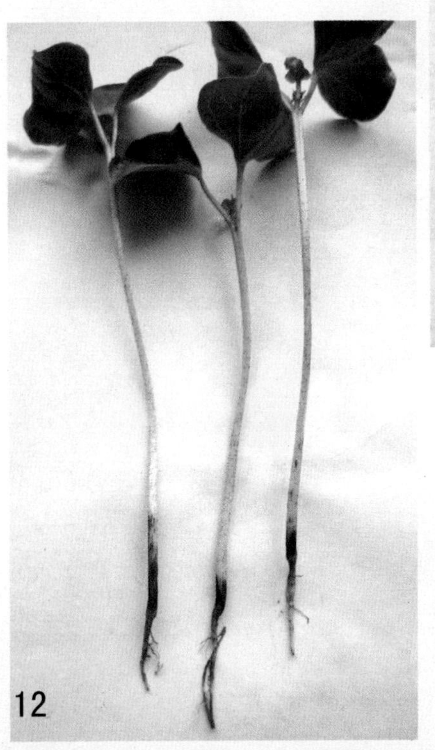

图 40 炭疽病苗幼茎初期病斑

图 41 棉苗子叶上的炭疽病斑

图 42 左侧为立枯病苗、右侧为炭疽病苗

图 43 棉苗子叶上的褐斑病斑

图 44 棉花茎枯病苗

图 45 棉花角斑病叶

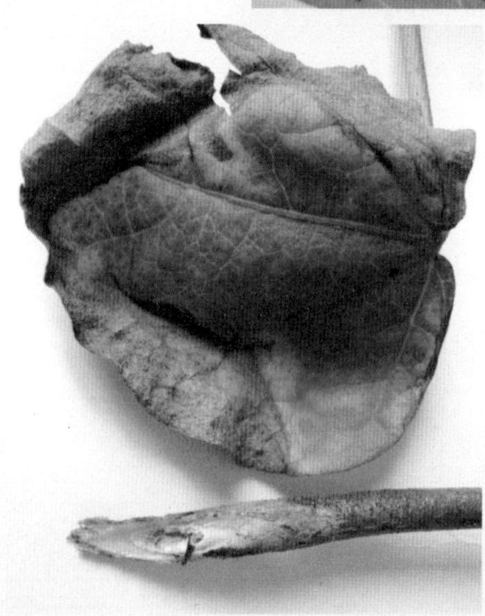

图 46 棉花枯萎病叶
及其茎剖面

图 47 棉花黄萎病叶
及其茎剖面

图 48 棉花枯萎病株

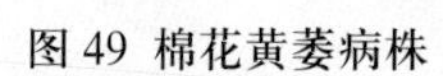

图 49 棉花黄萎病株

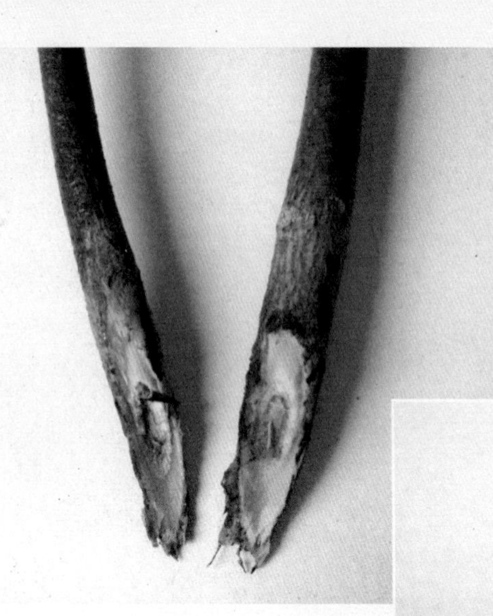

图 50 左边为棉花枯萎病茎剖面呈黑褐色；右边为黄萎病茎剖面呈黄褐色

图 51 棉铃疫病

图 52 棉红腐病铃

图 53 棉铃红粉病

图 54 棉黑果病铃

图 55 棉灰霉病铃

图 56 缺氮造成棉苗心叶发黄

图 57 棉苗群体缺氮症状

图 58 棉苗缺磷状

图 59 棉苗缺钾状

图 60 棉苗缺钙状

图 61 棉苗缺镁状

图 62 棉苗缺硼状

图 63 棉红叶茎枯病枝

图 64 高浓度杀虫剂药害灼伤病斑

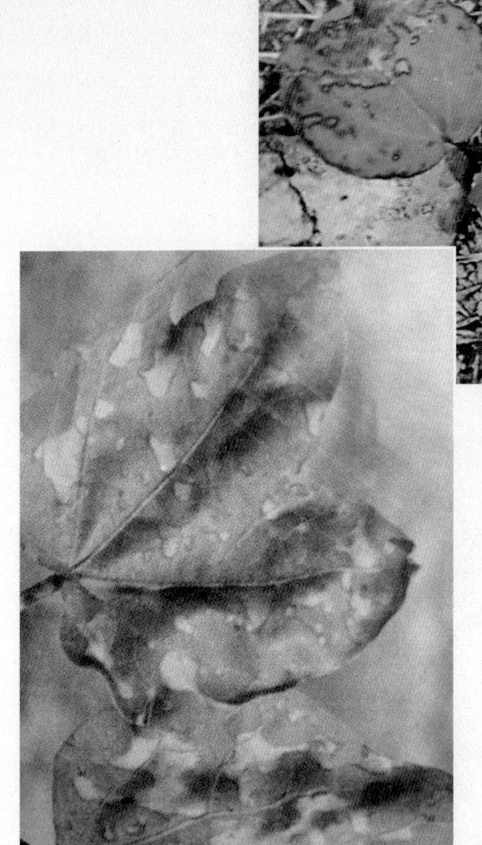

图 65 有机磷药害

图 66 除草剂克芜踪造成的药害

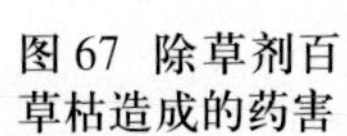

图 67 除草剂百草枯造成的药害

图 68 除草剂 2.4-D 丁酯造成的药害

图 69 被蚜茧蜂寄生的谷粒状僵蚜

图 70 齿唇姬蜂

图 71 侧沟茧蜂

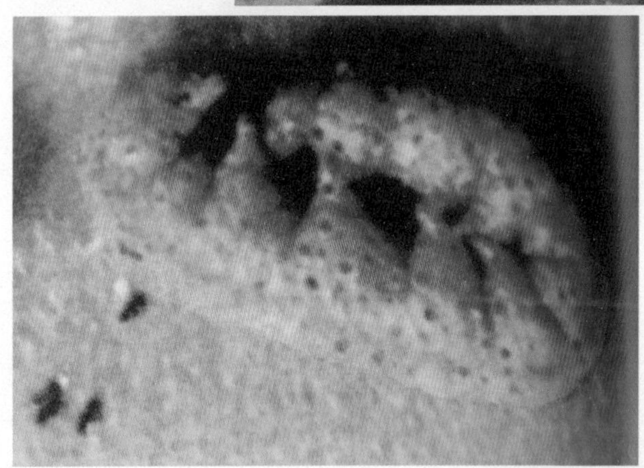

图 72 被多胚跳小蜂寄生的棉铃虫幼虫

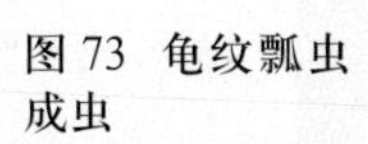

图 73 龟纹瓢虫成虫

图 74 七星瓢虫成虫

图 75 异色瓢虫

图 76 异色瓢虫

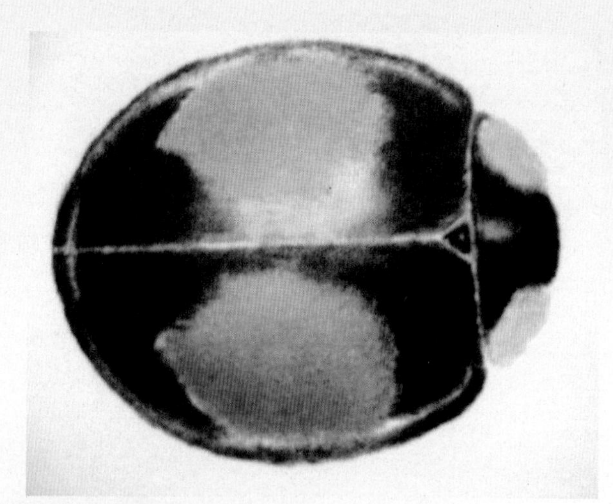
图 77 异色瓢虫

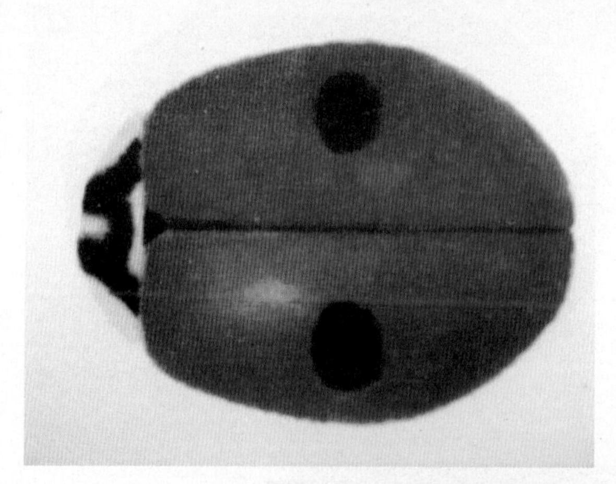
图 78 二星瓢虫成虫

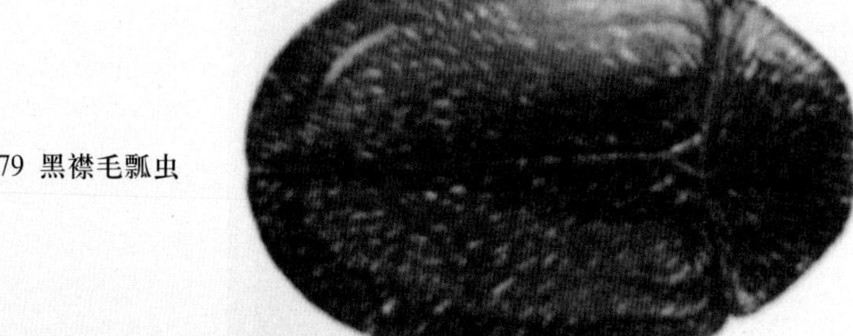
图 79 黑襟毛瓢虫

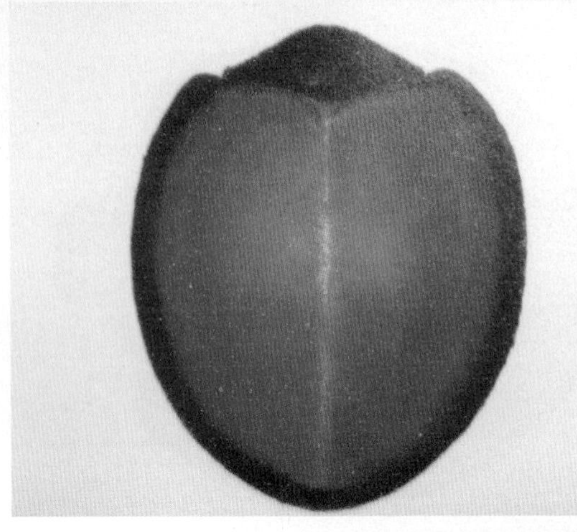

图 80 黑缘红瓢虫

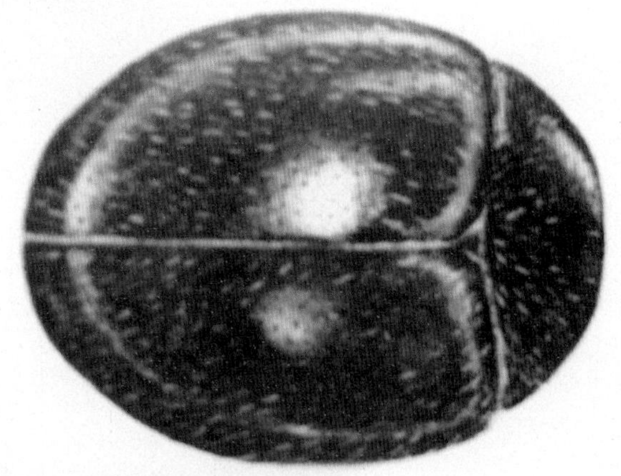

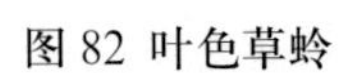

图 82 叶色草蛉

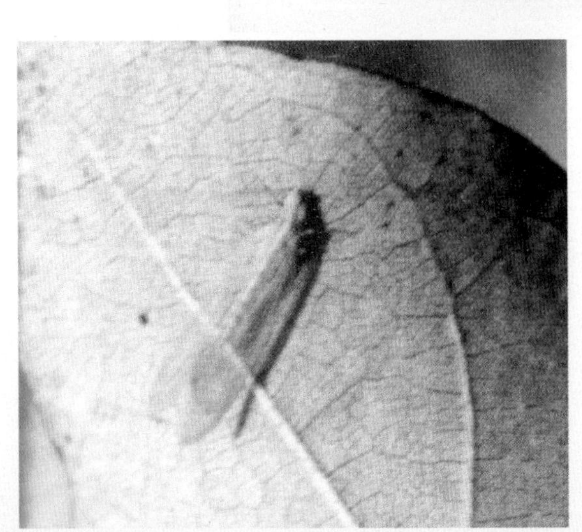

图 81 深点食螨瓢虫

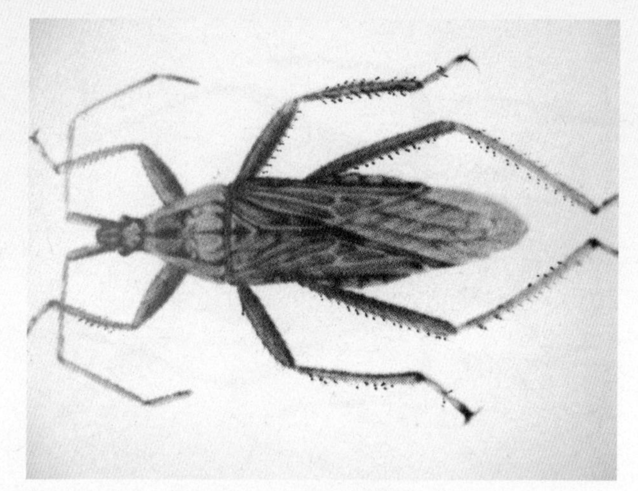

图 83 华姬猎蝽

图 84 小花蝽

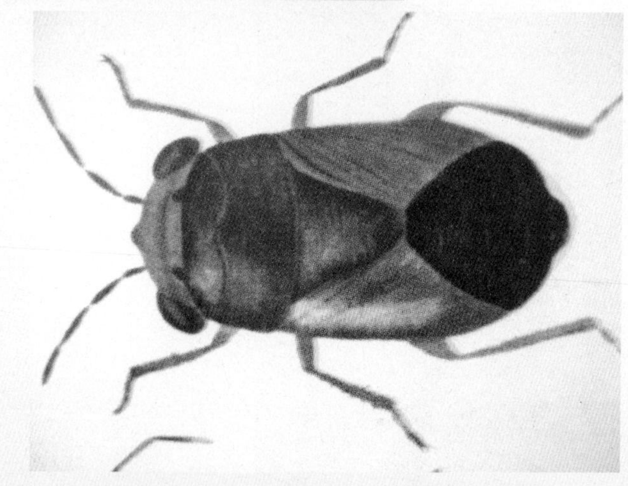

图 85 大眼蝉长蝽

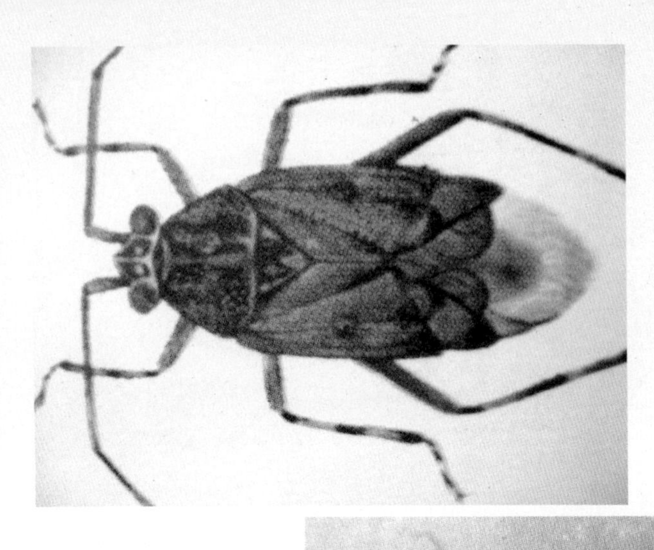

图 86 黑食蚜盲蝽

图 87 草间小黑蛛

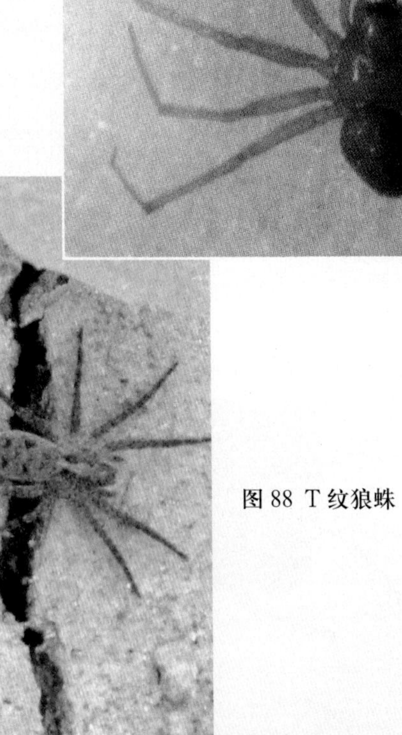

图 88 T 纹狼蛛

棉花病虫害防治实用技术

（第2版）

张惠珍　编著

金盾出版社

内 容 提 要

内容包括：棉花病虫害综合防治技术概述，主要害虫及防治，主要病害及防治，生理病害，药害肥害，棉田病虫害发生规律和综合防治技术，棉田害虫天敌的保护和利用，棉田常用农药及使用方法以及与棉花生产有关的其他增产技术措施。本书内容全面丰富，通俗易懂，深入浅出地介绍了不同棉田的病虫害防治技术，可操作性强。适合广大棉农使用，也可供相关技术推广人员阅读参考。

图书在版编目(CIP)数据

棉花病虫害防治实用技术/张惠珍编著．-- 2版．-- 北京：金盾出版社，2010.5

ISBN 978-7-5082-5712-9

Ⅰ.①棉… Ⅱ.①张… Ⅲ.①棉花—病虫害防治方法 Ⅳ.①S435.62

中国版本图书馆CIP数据核字(2009)第051777号

金盾出版社出版、总发行

北京太平路5号(地铁万寿路站往南)

邮政编码：100036 电话：68214039 83219215

传真：68276683 网址：www.jdcbs.cn

封面印刷：北京精美彩色印刷有限公司

彩页正文印刷：北京印刷一厂

装订：兴浩装订厂

各地新华书店经销

开本：850×1168 1/32 印张：5.375 彩页：28 字数：105千字

2010年5月第2版第9次印刷

印数：67 001～77 000册 定价：11.00元

目　　录

第一章 棉花病虫害综合防治技术

一、农业防治技术

农业防治就是在掌握棉花栽培管理措施与病虫害发生危害程度关系规律的基础上，结合棉田的施肥、浇水、中耕锄划、整枝打杈、品种选择和合理密植等农事操作管理的同时，通过相应的管理措施，达到控制病虫害的发生危害的目的。农业防治技术主要包括以下几种。

(一)选用抗病虫品种

如选用转 Bt 基因抗虫棉，能有效的控制二代棉铃虫、棉红铃虫和玉米螟等鳞翅目害虫在棉田的发生危害。选用抗棉花枯萎病的棉花品种，能有效的推迟和减轻棉花枯萎病的发生危害程度。选用耐棉花黄萎病的棉花品种，能有效的推迟和减轻棉花黄萎病的发生危害程度等。

(二)及时清除杂草

棉花收获后及时拔除棉柴，并清除田间杂草，对棉田进行秋耕冬灌，能减少棉田的越冬虫源基数 75%以上。可有效控制和减轻病虫危害程度。

(三)中　耕

在平作的春播陆地棉田，苗期遇到低温降雨天气后，及时中耕锄划，能起到对土壤的增温散湿作用，提高棉田的土壤温度，降低棉田的土壤湿度,达到减轻棉花苗病的发生危害程度。

(四)覆盖地膜

如果采用在播种前进行人工造墒,整地,播种后再覆盖地膜的措施,能有效减轻棉花苗期病害的发生程度。实践证明,此方法比先播种、后浇水,再覆盖地膜棉田的苗期病害发生率减轻70%左右。

(五)推株并垄

在棉花生长后期,适时对棉株进行推株并垄的管理措施,能有效地改善田间通风透光条件,减轻棉花铃病的发生危害。

二、人工、物理防治技术

(一)人工抹卵、捉虫

在6~8月份棉田病虫害发生时期,结合田间整枝打杈等管理措施,对棉株上的害虫和虫卵及时抹杀。

(二)人工捕杀害虫

如对有假死习性的棉大灰象甲、小灰象甲等害虫,利用其假死性,在傍晚5时以后的成虫活跃期,集中振落在盛有泥水的盆中或其他容器内捕杀。

(三)诱　杀

利用害虫的趋光性、趋化性,用黑光灯、高压汞灯、频振式杀虫灯以及糖醋液、杨树枝束等措施诱杀害虫。根据成虫孵化后产卵前寻找蜜源、补充营养的习性,在棉田内外按照一定的比例种植蜜源植物或其他诱集作物，把害虫集中在小范围内捕杀消灭，能起到事半功倍的防治效果。

三、生物防治技术

生物防治技术是农作物病虫害综合防治技术中的重要组成部分。主要是利用某些生物或生物代谢产物去控制病虫害的发生危害。其中包括以虫治虫、蜘蛛类和捕食螨类治虫、益鸟治虫和病原微生物治虫等措施。

（一）以虫治虫

保护和利用天敌昆虫，提高天敌昆虫的自然控害能力。在农业生态体系中，以农作物为中心，有许多生物是以害虫为食物，帮助人们消灭害虫的有益昆虫和有益微生物，人们把这些有益的昆虫和微生物统称为天敌。在农业生态体系中，天敌经常起着调节害虫种群数量的作用。但是，大多数的天敌昆虫对农药都是很敏感的。人们在用化学药剂防治害虫的同时，常常杀死了大量的天敌昆虫，而害虫则对农药产生了抗药性，使得害虫肆无忌惮的泛滥成灾，因而出现了农田害虫越治越多，发生危害越来越重，难以防治的恶性循环。所以，我们要提高对天敌的保护和利用意识，加强在棉花病虫害防治工作中对天敌的保护利用措施，改善农田的生态环境，提高天敌的自然控害能力。降低防治成本，提高防效。把病虫害控制在经济允许范围之内。保护和利用天敌的主要措施有以下几种：

1. 采取以害养益、增益控害的生态调控措施　曾经有专家研究证明，在我国至少有一百种左右的动物和昆虫危害棉花，但每个棉区只有少数几种害虫造成经济损失。其他大都为次要害虫或潜在害虫，如果能合理地利用这些次要害虫或潜在害虫，让它们作为天敌昆虫的季节性饲料,或在害虫防治工作中把治早、治小、治了的防治策略加以修改,适当放宽防治指标,减少用药次数和剂量,把防治效果控制在85%以上即可,人为的留有少量残虫饲喂天敌,以增加田间天敌的种群数量,采取以害养益、增益灭害的生态调控措施,使田间害虫和天敌的比例始终保持在一种相对平衡的状态。以改善农田昆虫的生态环境,利用自然界的天敌把害虫危害控制在经济允许范围之内,降低和减少化学农药在田间的使用次数和剂量。这样既降低了防治成本,又减轻了棉农的劳动强度,在改善农田昆虫生态环境的同时,也改善和保护了人类的生存环境。

2. 适当放宽害虫的防治指标,严格按防治指标科学施药 在田间害虫的种群密度达不到经济损害水平(经济损害水平:棉田害虫危害对棉花产量的影响经济价值,高于对棉花病虫危害的防治成本时的比值。比如,当棉田发生虫害时,不进行任何防治措施,让害虫任意危害所造成的产量损失价值为30元。而要进行防治时所需要的防治成本为50元时,这时棉田的害虫种群密度还没有达到经济损害水平,就没有必要进行防治)时,或者田间的天敌昆虫数量较大,能够控制住害虫的危害时,一般不要喷施化学农药。

1995年,棉铃虫大发生时,河北省邱县有一户棉农,在二代棉铃虫发生防治始期,当看到自己棉田内平均每株棉花上都有3~5头瓢虫时,没有跟别人一起喷施化学农药防治,而坚持定期到棉田察看棉铃虫的发生危害情况,结果发现每株棉株上棉铃虫的每日新增卵量并不比其他棉田少,在落卵高峰日,百株新增卵量也在800~900粒之间,但棉田的幼虫量却很少,平均百株只有低龄幼虫1~2头,比喷施化学农药防治后的效果也不差。因此,一直从6月8日持续到6月20日,没有喷施一次化学农药,比其他棉田少喷了3次农药,而棉花并没有受到棉铃虫的危害。

该棉农在保护和利用天敌的同时,既除了害虫,节约了防治成本的支出，减轻了自己喷药时的劳动强度，同时也减轻了化学农药对环境的污染程度。真正获得了经济、生态、社会三大效益。该经验值得借鉴。

3. 选择性用药，减少对天敌昆虫的杀伤作用　当某一种害虫已经达到或超过经济损害水平，需要喷施化学农药防治时，要做到有针对性地选择用药。尽量使用那些对天敌杀伤作用较小的低毒农药、或生物农药，不用或少用广谱性、剧毒农药，以减少对天敌的杀伤作用。

4. 减少农药的使用次数和剂量　在棉花生产过程中，由于病虫害对棉花造成的危害较大，人们对棉田害虫很敏感，只要在棉田内看到1头虫，就立即进行喷药防治。甚至养成了不管地里有虫没虫，每隔2～3天就喷一次农药的习惯，认为一旦在田间看到虫了，再喷药防治就已经晚了，治不住了。其实，这种做法是很不科学的，既浪费了人力、物力、财力，提高了防治成本，又加快了害虫对农药产生抗药性的速度，同时也杀伤了大量的天敌昆虫，使得害虫失去了天敌对其的自然控制能力。其结果是，田间农药用量越来越多，杀虫效果越来越差，害虫却越治越多、越来越难治的尴尬局面。同时也严重污染了环境，得不偿失。

5. 改进用药方法，采取隐蔽用药措施　如在棉花苗期采用滴心、涂茎、或小孔径喷雾以及浸、拌种等隐蔽用药措施，减少药液和雾滴的扩散面，是消灭害虫、保护天敌的又一种有效措施。

6. 提高天敌的田间种群数量

(1)保护天敌的早春繁殖基地，增加天敌的库源数量　麦田是许多天敌昆虫的主要越冬场所和早春繁殖基地，保护好麦田天敌，给其创造一个良好的生存、繁育环境，是增加田间天敌种群数量的有效措施。如春季麦田浇水，对瓢虫种群数量的影响很大，春季气温低，瓢虫大部分把卵产在土块下或根茬上。如果春季麦田浇水时，遇上瓢虫产卵或幼虫的孵化盛期，能使田埂上或植株上部的少量虫、卵存活下来,其余大部分幼虫和卵将会被水淹死。从而减少麦田瓢虫的种群数量。据调查资料表明,春季浇水后的麦田,瓢虫死亡率高达90%左右,幼虫死亡率达50%,成虫死亡率达20%左右。如果在麦田的畦埂上间作油菜,能增加麦田天敌的种群数量。原因有2点:一是早春油菜上繁殖的大量蚜虫,可为天敌的早期繁殖提供丰富的食物来源,增加蚜虫天敌的繁殖数量;二是在麦田喷施化学农药时,天敌可转移到油菜上进行歇息、以躲避农药的伤害,从而减少化学农药对天敌的杀伤量。

(2)保护和增加麦田天敌的库源量　当小麦收获后,这些天敌会大量的转移到棉田捕食害虫。

(3)种植诱集作物,吸引天敌昆虫　种植诱集作物,可以吸引和培育天敌昆虫的种群数量,如在棉田每间隔8～10行种植一行玉米或高粱等诱集作物带。该方法有3个优点:①可以在棉铃虫发生期诱集棉铃虫成虫到植株上产卵,减少棉铃虫在棉株上的落卵量,减轻棉铃虫对棉花的危害程度。②诱集作物带可为瓢虫和草蛉等天敌昆虫提供良好的栖息环境和繁殖场所,诱集作物上的害虫卵和初孵幼虫能为天敌昆虫提供很好的食物来源。③能为天敌昆虫提供躲避化学农药伤害的歇息地和“避难”所。

(二)保护鸟类,让益鸟治虫

在自然界中,有很多种鸟是以取食害虫为主要食物来源的,如燕子、喜鹊、乌鸦、啄木鸟和黄鹂等,这些益鸟的食虫能力是很强的。据调查,1只喜鹊1天能取食虫卵400多粒,大龄幼虫30多头。利用食虫益鸟的方法,主要是改善和保护生态环境,招引和保护鸟类。

(三)微生物治虫

微生物治虫就是利用那些能够引起害虫疾病流行和死亡的致

病性真菌、细菌和病毒等微生物及其衍生物，制成杀虫剂，喷洒在田间，引起害虫发生严重的流行病，或者产生毒素，扰乱害虫的代谢平衡，从而引起害虫的大量死亡。目前，应用较广泛的微生物杀虫剂主要有：病原细菌-素云金杆菌（Bt 制剂）；病原真菌-白僵菌、绿僵菌；昆虫病毒－核多角体病毒、颗粒体病毒等有益微生物。

四、化学农药田间防治技术

化学农药防治，是指当田间害虫的种群密度发生到一程度，超出天敌的自然控制能力，其危害损失超出经济允许水平范围之后，所采取的一种补救措施。在棉田病虫害的综合防治技术中，它至今仍然是及时控制棉田病虫严重危害的最有效的重要措施。具有杀虫速度快、效果好、经济效益显著等优点。

使用化学药剂防治农田病虫害是人类社会文明发展的一大标志。但是如果不合理的滥用农药，也会给人类的生活和整个生态环境带来严重的损失和影响，如污染环境，杀伤天敌，破坏自然生态平衡、人畜中毒、害虫产生抗药性、增加用药次数和剂量、提高防治成本等多种副作用。科学合理地使用化学农药防治害虫，便可避免或减少这些副作用的产生和危害。因此，在应用化学农药防治棉田病虫害时，了解和掌握田间化学施药技术，避免和克服化学农药防治中的缺点，科学合理的应用化学农药，才能达到更好，更有效地控制棉田病虫害的发生危害的目的。实践证明，掌握以下几点，是搞好化学药剂防治的关键。

（一）了解农药的性能和作用方式，科学合理用药

目前，农田施用的农药品种繁多，防治对象各异。按作用方式划分，有胃毒剂、触杀剂、内吸剂、熏蒸剂等；按作用对象划分，有杀虫剂、杀菌剂、杀螨剂、除草剂和植物生长调节剂等。尤其是除草

剂和植物生长调节剂,在棉田应用时稍有不当或误用以后,就会给棉花生产带来不可弥补的惨重损失。因此,应首先了解不同种类农药对不同病虫种类的作用方式、防治对象、使用方法以及对棉田天敌的毒性和影响,然后根据农药的性能和作用,确定最佳的用药时期、用药剂量和施药方式,以便获得更好的经济效益和生态效益。

(二)正确掌握用药时期,保证适期用药

适期用药是保证防治效果的必备条件。由于棉田病虫害的发生种类、发生时间、危害部位、活动规律及其生活习性不同,在用化学药剂防治病虫害时的用药种类、用药时期以及施药时间和用药方法也不相同,只有了解了防治对象在棉田的发生规律、生活习性、发育阶段、危害程度和种群密度大小等具体情况后,才能做到准确选择药剂、正确掌握用药时期、用药剂量和施药方法,以提高防治效果。

(三)正确掌握喷药时间、喷药部位

因为棉田病虫害的发生种类不同,在防治时,一定要根据防治对象的活动规律、生活习性,正确掌握喷药时间,喷药部位,命中靶标,是提高防治效果很关键的环节。一般情况下,上午 9 时以前、下午 5 时以后,是一天之中喷洒农药的最佳时间。因为在这一时间段内,是棉田棉铃虫、棉盲蝽、棉象鼻虫等多种害虫的活动取食时间,大多在棉株的叶片和枝杈上活动,此时喷药更容易命中靶标,以保证防治效果。

(四)按照防治指标,科学合理用药

简单地说,害虫的防治指标就是当田间化学防治费用小于或等于挽回害虫危害损失时的田间种群密度。

在目前农作物病虫害的化学防治中，由于广大棉农缺乏根据防治指标，科学用药的基本知识和概念，为了达到防治效果，往往是不管有虫无虫，虫多虫少，盲目用药现象非常普遍。而且，有的用药剂量偏大，浓度偏高，用水少的现象。即所谓的惜水不惜药。这样，既增加了防治成本，污染了环境，杀伤了天敌，又增加了劳动强度和人畜中毒的机会。同时也会增加防治对象的耐药性和抗药性，造成农药的用量越来越大，天敌越来越少，害虫却越治越多的后果，劳民伤财却得不偿失。

为了避免上述现象，国内外农业科学家，根据病虫害防治后挽回农作物产量损失所得的收益应该等于投入的防治费用这个经济学原则，结合作物对病虫危害的补偿功能，天敌控制病虫害的作用和害虫自然死亡率等因素，提出了推算病虫害经济危害水平的各种数学模型，也就是我们所说的病虫害防治指标。我们现在所提出的各种病虫害的防治指标，基本上都是根据以上原则和方法，通过大量的田间试验、研究而得出的结论。实践证明，按照所规定的防治指标，当田间害虫的种群密度达到一定程度时，再开始使用化学农药进行防治，既避免了乱用农药造成的环境污染，杀伤大量天敌，破坏农田生态平衡和诱发害虫迅速产生抗药性的弊端，又达到了很好的防治效果，同时也节约了防治成本。

因此，按照病虫害的防治指标，科学施用农药，是棉花病虫害综合防治的基本原则之一，现在已被越来越多的棉农认识和接受。

第二章　棉花主要害虫及防治

一、刺吸式口器害虫

(一)棉　蚜

棉蚜(图1,图2)又叫腻虫、蜜虫、瓜蚜,是棉田的重要害虫。寄主植物有100多种,以棉、瓜受害较重。棉花从棉苗出土至吐絮的整个生长过程都能受到棉蚜的危害。但对棉花造成危害的主要是苗蚜和伏蚜,在棉花苗期和蕾铃期是危害最重的时期。

1. 危害特征　棉蚜危害棉花时常成群集中在棉花嫩叶的背面和嫩茎上吸食汁液,严重时叶片皱缩卷曲(图3)。棉花苗期受害,植株矮小,生长发育迟缓,严重时棉苗停止生长,直至死亡。蕾、铃期受害,叶片背面布满蚜虫,蚜虫取食时排出大量蜜露,使叶片油腻发亮,招致病菌寄生,影响叶片的光合作用,造成棉株早衰,蕾铃大量脱落(图4)。

2. 发生规律　棉蚜1年发生代数从北向南逐渐增多,约10～20余代。以越冬卵在石榴、木槿、花椒树的枝条或夏枯草、紫花地丁等杂草的根基部越冬,每年3月上旬开始孵化,4月下旬至5月上旬,在棉苗出土时产生大量有翅蚜迁飞到棉田危害。棉田在出苗后到现蕾前发生的蚜虫叫苗蚜,从7月份进入伏天以后发生的蚜虫叫伏蚜。苗蚜在棉田以孤雌胎生方式繁殖后代,就是说此时的棉蚜不用进行雌雄交配,大蚜虫就能直接生出小蚜虫来。1头大蚜虫一般1天能繁殖5头小蚜虫,最多18头,1代为60～70头小蚜虫。蚜虫的繁殖速度很快,一般苗蚜10余天繁殖1代,伏蚜

4～5 天就能繁殖 1 代。在条件合适的情况下，这 60～70 头小蚜虫只需要 4～5 天时间就能生小蚜虫繁殖后代。

棉花苗期的温、湿度很适合苗蚜的生长发育，繁殖速度很快，因此常对棉苗造成危害。以后随着气温的升高，当气温超过 28℃时，苗蚜的种群数量会自然下降，而且多分散在棉株的中下部。7月中旬进入伏天以后，遇到时晴时雨的天气，气温降到 28℃以下，相对湿度低于 90％时，棉蚜种群又会突然剧增，并转移到棉株上部危害，这就是常说的“伏蚜”。另外，棉田内天敌种群数量的大小，对控制棉蚜的消长也有很大的影响。棉田常见的天敌种群有瓢虫（也叫花大姐）、草蛉、蚜茧蜂、食虫蝽、食蚜蝇、蚜霉菌和捕食性蜘蛛等。据调查研究表明，当田间每 120～150 头蚜虫有 1 头瓢虫时，即瓢蚜比达到 1∶120～150 头时，或者天敌总数与棉蚜的比例为 1∶40 头时，就不用进行喷药防治。所以，在防治棉田病虫害时，一定要尽量选择那些对天敌没有伤害作用的生物农药，以保护天敌，消灭害虫。

麦田常常是棉蚜天敌的“仓库”，棉田的绝大部分天敌都来自于麦田。因此，在防治麦田害虫时，也要注意选择用药，保护好天敌资源库，好让麦田内更多的天敌跑到棉田来消灭害虫。

3. 防治方法

（1）苗蚜　在棉苗 3 叶前卷叶株率达到 10％，3 叶后卷叶株率达到 20％时，进行喷雾或灌根防治，用吡虫啉 2.5％乳油 11.5～18.75 克/公顷，喷雾；折合每 667 平方米（1 亩）用吡虫啉2.5％乳油 0.75～1.25 克，对水 15 升。

（2）伏蚜　每 667 平方米用吡虫啉 200 克/升可溶液剂 15～30 克/公顷对水适量。喷雾防治。或用啶虫脒 3％可湿性粉剂9～18 克/公顷，喷雾防治。

(二)棉红蜘蛛

也叫棉叶螨、火龙、火蜘蛛等(图5)。是危害棉花的主要害虫之一。主要集中在棉叶背面的叶脉部分(图6,图7),吸食汁液,影响棉苗的正常生长,严重的会影响棉花产量。棉红蜘蛛的体型很小,只有0.5毫米左右。体色一般为红褐色或锈红色,常聚集在叶片背面并吐丝结网,把虫体藏在网下吸食棉花汁液。

1. 危害特征 受害叶片初期出现黄白色小点儿,3～5天后斑点扩大成红色斑纹,叶面呈红褐色卷缩,像火烧得一样,从下面向上部蔓延,严重时叶片干枯脱落。影响棉花产量。

2. 发生规律 棉花红蜘蛛喜欢高温干旱的气候条件,当温度达到25℃～30℃,相对湿度在80%以下时,其繁殖速度最快。每头雌成虫每天能产卵6～8粒,一生约产卵100多粒。红蜘蛛的寿命一般为23～40天,黄河流域棉区1年约发生12～15代,长江流域棉区1年能发生15～18代,华南棉区1年发生20代以上。红蜘蛛以成虫在背风向阳的枯草叶中或杂草附近的土缝里吐丝结网,群集越冬。翌年2～3月份,当平均气温升到7℃以上时开始产卵,平均气温达到10℃以上时孵化。初孵幼虫爬在叶片上不动,蜕皮后才开始活动,先在地黄、苦荬菜、夏枯草等杂草上取食,等棉苗出土后,靠风吹、水流等转移到棉花上繁殖危害。所以,受害棉苗常由渠边、地头向田内扩散。

棉红蜘蛛具有群体迁移的现象,往往在叶片的一端群集成一团,结网成球,吐丝下垂,借风扩散。因此,棉田常出现点片严重发生的现象。在田间杂草多,棉田前作、间作、或邻作是豆类、瓜类等作物时,都有利于棉花红蜘蛛的发生危害。

3. 防治措施

(1)*农业措施* 进行冬耕、冬灌,清除田边地头杂草,消灭越冬虫源。在转基因抗虫棉田最好不要串种绿豆等容易发生红蜘蛛的作物，以减轻转基因抗虫棉田红蜘蛛的发生程度。

(2)药剂防治　在棉红蜘蛛发生早期防治。①用联苯菊酯 25 克/升乳油 20～30 毫克/升喷雾防治。进行田间点片挑治，采取"灭虫源、控点片、发现 1 株治一圈，发现一点治一片"的方法，消灭田边、地头杂草上的虫源，防止进一步扩散蔓延。②当棉田普遍发生时，可用 1.8%的阿维菌素乳油 10.8～16.2 克/公顷喷雾防治。③用 20%甲氰菊酯乳油 120～150 克/公顷喷雾防治。④用溴氰.机油 85%乳油 1275 克～1950 克/公顷喷雾进行防治。⑤用炔螨特 73%乳油 273.75～383.25 克/公顷喷雾防治。⑥用 3%啶虫脒乳油 9～13.5 克/公顷喷雾防治。⑦用 20%三氯杀螨醇 500～600 倍液喷雾防治，间隔 5～7 天喷 1 次，连喷 2 次，效果较好。

(三)棉蓟马

也叫葱蓟马或烟蓟马(图 8)。棉蓟马的成虫和若虫以锉吸式口器刺吸植物汁液，主要危害棉苗的子叶、真叶和生长点等部位。

1. 危害特征　叶片受害后，叶背面出现银白色小点，叶片增厚，皱缩、畸形，严重时干枯脱落。小苗在长出真叶前生长点受害，生长点变黑脱落，形成不长真叶、子叶肥大的"公棉花"(图 9)。大苗生长点受害后，生长点干枯死亡，但不变黑，形成"无头棉"，以后棉苗生出几个新芽，枝叶丛生，形成"多头棉"，减少结铃。棉株的花蕾受害后，苞叶张开，造成花蕾脱落，影响产量。

2. 形态特征　成虫体长 1～1.2 毫米，体色有浅黄到深褐色，一般为淡褐色，翅狭长，前、后翅都长有细长的绒毛。若虫体淡褐色，形状和成虫差不多，体较小，没有翅，触角为 6 节。

3. 发生规律　棉蓟马在北方 1 年可发生 6～10 代，在长江流域棉区 1 年发生 10 多代。以成虫、若虫或伪蛹在棉田的土壤里，葱、蒜的叶鞘内侧，或枯枝落叶里越冬。早春在越冬寄主上繁殖，棉苗出土后飞往棉田危害。在 5 月中旬至 6 月中旬进入危害盛期。棉蓟马的成虫活泼,能飞善跳,飞翔力强,借助风力传播速度很快。棉蓟马对蓝色和白色具有强烈的趋性,一般在地膜覆盖棉田发生较重。棉蓟马喜暗怕光,白天多在叶背面危害,阴天或早晚在叶正面和背面都可危害。

棉蓟马也是以孤雌生殖方式繁殖后代。雌成虫把卵产在叶片的表皮底下和叶脉内,1头雌成虫一生能产卵20～100粒不等。卵约5～6天孵化,初孵若虫多群集在叶脉两侧取食,稍大后分散危害。若虫老熟后入土化蛹,蛹期4～7天,20多天就能完成1代。棉蓟马喜欢干旱条件,一般在春季干旱温暖的年份发生危害较重,当4～5月份平均气温达15℃～25℃,相对湿度达60%以下时,最适宜繁殖危害。靠近葱、蒜和附近杂草多的棉田危害较重。当温度上升到26℃以上时,虫口密度会自然下降消失。当相对湿度超过75%时,若虫不能正常生长发育,相对湿度达到100%时,若虫不能存活。降水、浇水或土壤黏重,造成板结时,若虫不能入土,已在土中的蛹不能羽化,发生危害会明显减轻。

4. 防治指标 当棉田两片真叶上百株有虫10～20头,4～6片真叶上百株有虫10～30头以上时,应立即进行喷药防治。如果田间天敌数量较多时,可推迟几天防治。

5. 防治方法

(1)农业措施 清除田边地头杂草,消灭虫源。远离葱蒜等虫源寄主作物。

(2)药剂防治 用10%吡虫啉可湿性粉剂2 000倍液喷雾防治,或用1.8%阿维菌素乳油2 000～3 000倍液喷雾防治。

(四)棉盲蝽

危害棉花的盲蝽主要有绿盲蝽、黑盲蝽、苜蓿盲蝽和三点盲蝽。

1. 形态特征 从成虫上区分,它们的主要区别是:黑盲蝽体为褐色，前胸背板有两个较小的黑圆点，触角比身体长；绿盲蝽体为绿色，触角比身体短，体长5毫米左右，前胸背板有黑色小刻点，前翅膜质部暗灰色；苜蓿盲蝽体为黄褐色，体长7.5毫米，触角比身体长，前胸背板有两个黑色圆点，小盾片中央有黑色纵纹2条；三点盲蝽体为黄褐色，触角与身体等长，体长7毫米，前胸背板有1条黑色纵纹，前缘有两个黑斑，小盾片与两个楔状片呈明显的3个黄绿色三角形斑。

2. 危害特征　棉盲蝽以成虫和若虫刺吸棉株汁液，使棉株出现破头、破叶和丛生枝，造成蕾铃大量脱落。受害棉株在不同的生育期表现出不同的症状。子叶期受害，棉苗顶芽枯焦变黑，长不出主干，形成"公棉花"，长出真叶后受害，顶芽被刺伤而枯死，形成枝叶丛生的"多头棉"，叫做破头疯；幼叶受害后形成破叶，幼蕾受害后苞叶张开，不久幼蕾脱落；幼铃受害后轻的出现水渍状斑点，重的棉铃僵化脱落。顶心和边心受害，形成枝叶丛生的扫帚苗（图10）。据调查，脱落的棉铃中有60％是由于棉盲蝽的危害造成的。

3. 发生规律　棉盲蝽在黄河流域棉区1年发生4代，以卵在苜蓿、苕子、蒿类等植株上越冬，4月上旬越冬卵开始孵化，4月中旬进入孵化盛期，越冬卵孵化后先在豌豆或胡萝卜等作物上繁殖1代，然后才迁入棉田为害。5月中旬为1代成虫羽化盛期，6月中下旬为2代成虫羽化盛期，8月上中旬和9月中旬为3、4代成虫羽化盛期。棉盲蝽喜欢温暖潮湿的气候条件，当气温在25℃～30℃，相对湿度在80％时发生较重。而气温在11℃以下或35℃以上时，卵不孵化。棉盲蝽的喜湿性较强，在6～8月份降水量超过10毫米的年份，或土壤肥沃、施肥浇水较多、植株高大茂密、生长嫩绿的棉田，或早播、长势旺、田间湿度大的棉田，往往发生较重。

田间调查发现，棉盲蝽的发生还与棉花品种有关。如冀棉298、冀棉197、冀棉516、GK12等免整枝品种一般枝繁叶茂，嫩汁多,发生重,危害重。如新棉33B、新棉99B、新研96～48等品种,株型紧凑,疯杈少。好管理的品种,发生较轻。

4. 防治指标 6月上旬开始注意调查棉田棉盲蝽的发生情况,在上午9时以前或下午5时以后观察,注意检查嫩叶和幼蕾,当百株有虫1～3头,或棉苗的生长点受害株率达2%～3%(就是说每100棵棉花有1～3头虫,或有2～3棵的生长点有黑点时),就应该进行喷药防治。

5. 防治方法

(1)*农业措施* 在棉田四周种植胡萝卜、豌豆等寄主作物,集中诱杀。

(2)*药剂防治措施* ①用45%马拉硫磷乳油375～562.5克/公顷,喷雾防治。②用顺式氯氰菊酯50克/升乳油25.5～34.5克/公顷喷雾防治。③每667平方米用2.5%的敌百虫粉剂1.5～2千克喷粉。④用90%的晶体敌百虫1 000倍液喷雾防治。⑤用10%吡虫啉或3%啶虫脒1 000～1 500倍液喷雾防治。⑥用4.5%高效氯氰菊酯乳油1 500倍液+10%吡虫啉可湿性粉剂或5%啶虫脒可湿性粉剂2 000倍液混合喷雾防治。⑦用20%氰戊菊酯1 500倍液+10%吡虫啉2 000倍液混合喷雾。

喷药的时间应选择在清晨或傍晚棉盲蝽在田间未开始活动时进行。由于棉盲蝽成虫有较强的迁飞转移习性,在防治中应采取大面积统一防治,喷药时应从棉田四周向中间围进,以防止成虫迁飞转移。

(五)棉叶蝉

也叫棉叶跳虫或棉浮尘子(图11)等。主要发生在长江流域及其以南棉区,特别是湖南、湖北、江西、广西和贵州等地。但是1998年在河北南部的转基因抗虫棉田,平均每叶有虫2～3头,而且多为无翅若虫。

1. 形态特征　棉叶蝉的成虫体长3毫米，头顶部有两个小黑点，头、胸、腹为黄绿色，前翅淡绿色，末端无色透明，末端近1/3处有1个明显的黑圆点。若虫体长0.8～2.2毫米，中后胸的两后角先后长出翅芽，随龄期的长大，由乳状突起发展为条形。卵为长肾形，长0.7毫米，无色透明，孵化前为淡绿色。

2. 发生规律　棉叶蝉1年发生8～14代，以卵在花生、茄子、豆类、甘薯、锦葵、烟草和木棉等寄主作物的嫩茎、和叶柄的表皮内越冬。或以成虫在背风向阳的杂草丛中越冬。早春，在平均温度稳定在14℃～15℃时（榆钱开始落的时候）孵化。幼虫孵出后先在寄主作物田取食繁殖，6月份迁入棉田危害（图12）。8月中旬到9月下旬，当温度到32℃以上，相对湿度在70%～80%时，棉叶蝉的繁殖速度最快，进入危害盛期。成虫多在白天羽化，羽化后的第二天就能进行交尾产卵，卵多产在棉株中上部的嫩叶背面中脉组织内，有时产在侧脉和叶片组织内，幼虫孵化后，产卵的地方有一个心脏形的孵化孔。成虫和若虫受惊后能够横行。棉叶被叶蝉危害后，开始由叶尖经叶脉变枯黄，叶片的背面皱缩，并慢慢向中部扩展，最后全叶变红枯焦，导致棉铃瘦小，甚至脱落。

3. 防治方法

（1）农业措施　选用多毛、长毛的抗虫品种。及时清除田边地头杂草，减少虫源。集中连片种植，适期早播，促进壮苗早发。适当密植，合理施肥，消灭苗病，防止疯长，提高棉株的抗虫能力。

（2）化学防治　在若虫盛发期，用10%吡虫啉可湿性粉剂喷雾防治，或用3%定虫脒可湿性粉剂2 500倍液喷雾防治，或用25%噻嗪酮（扑虱灵）可湿性粉剂1 000倍液喷雾防治，或用45%马拉硫磷乳油375～562.5克/公顷，喷雾防治。可兼治棉蚜和棉盲椿象。也可用45%杀螟硫磷乳油375～562.5克/公顷，喷雾防治。可兼治棉蚜和造桥虫。

(六)棉粉虱

棉粉虱(图13)以成虫和若虫危害棉花,但以若虫危害更重。在黄河流域棉区和长江流域棉区都有分布。

1. 危害特征 棉粉虱的成虫、若虫群集在棉花叶片背面吸食汁液,受害棉叶上出现退绿斑点或红褐色斑点(图14),造成棉株生长不良,危害严重时引起蕾铃大量脱落。降低棉花的产量和品质。

2. 形态特征 棉粉虱的成虫很小,体长只有1毫米大小,成虫的身体和翅膀上有蜡质白粉。若虫共有5个龄期,一龄若虫能爬行,其他各龄期若虫则定居在叶片背面取食。五龄若虫也叫蛹,蛹壳长0.7毫米。

3. 发生规律 棉粉虱1年发生10代左右,5月上中旬开始迁入棉田危害,9～10月份是为害盛期。成虫喜欢在温暖无风的天气活动,把卵产在棉株中上部叶片的背面。

4. 防治方法

(1)农业措施 改善种植结构,在棉田周围尽量不种植棉粉虱的越冬寄主作物,切断虫源的越冬环节,减少越冬虫源。清除田边地头杂草,消灭白粉虱早春活动场所,减少虫源基数。

(2)物理措施 用黄色诱板诱杀成虫。因棉粉虱有喜欢黄色和黄绿色的习性,把黄色粘胶板或塑料薄膜涂上黄油或机油挂在棉田地边,棉粉虱成虫便会粘落在黄色诱杀板上。每隔7～10天涂1次油。黄色粘胶板的底部与棉株的顶端相平或略高。

(3)药剂防治 在棉粉虱若虫发生盛期,上、中、下3片叶的总虫量达到200头时,用25%噻嗪酮(扑虱灵)可湿性粉剂1 000～1 500倍液喷雾防治,或用1.8%阿维菌素乳油2 000倍液喷雾防治,或用20%灭扫利2 000～2 500倍液喷雾防治,或用2.5%联苯菊酯乳油1 000～1 500倍液喷雾防治。由于棉粉虱世代重叠严重,所以要每隔3～5天防治1次,连喷2～3次,才能保证防治效果。

二、钻蛀式害虫

(一)棉铃虫

棉铃虫的食性很杂,它们危害的作物种类很多,如粮食作物、棉花、蔬菜、果树、野草等植物均能取食危害。

1. 发生规律　棉铃虫在黄河流域棉区1年发生4代,以蛹在土里边越冬,翌年4月中下旬开始出土羽化产卵,这一批出土羽化的蛾子叫第一代成虫、多在麦田产卵繁殖危害,幼虫在小麦收割前钻到田埂边的松土里化蛹,一般不危害棉花。等到6月上中旬蛹羽化后飞到棉田里产卵,卵孵化出的小虫危害棉花的顶尖和幼蕾,这就是经常在棉田里危害最重的二代棉铃虫,这一代主要危害棉花顶尖,所以90%的卵集中产在棉花顶尖的心叶上。造成无头棉和公棉花,影响棉花的正常生长。6月下中旬是二代棉铃虫的危害盛期,也是棉铃虫防治的关键时期,这一代防治的重点是保护棉花的顶尖。7月中下旬是第三代棉铃虫的发生危害盛期,8月中下旬是第四代棉铃虫的发生危害盛期,这两代棉铃虫主要危害棉花的蕾、花、铃,造成蕾、花、铃的大量脱落,对棉花的产量影响很大。所以,抓好3～4代棉铃虫的防治也很重要,3～4代棉铃虫的产卵部位比较分散,叶片、茎秆、蕾、花、铃、及其苞叶上都有卵粒,因此防治比较困难。喷药时一定要用足药液量,进行全株均匀喷雾,才能收到良好的防治效果。另外,3～4代棉铃虫除危害棉花外,还危害玉米、花生、豆类、蔬菜、果树等各种农作物。9月份以后,随着气温的下降,残留的老熟幼虫开始入土化蛹越冬。等到翌年的4月份再开始出土危害。

2. 形态特征　棉铃虫的成虫体长一般为16～17毫米,雄蛾体色为绿褐色,雌蛾多为黄褐色。卵为0.5～0.8毫米的半球形,新生卵为乳白色,第二天变为黄色,第三天变成黑褐色开始孵化出小幼虫。幼虫分5～6个龄期。老熟幼虫的体长40～45毫米,幼虫身体的颜色变化较大,有纯绿色、黑绿色、黄白色和浅麻色等。蛹成纺锤形,头部比较圆滑,尾部较尖,有两个尾刺。

3. 防治方法

(1)农业措施　①棉花收获后及时拔除棉柴,进行秋耕、冬灌,消灭越冬虫源。实践证明,此法能消灭70%的越冬虫源。②小麦收割后及时破埂灭蛹,减少二代虫源基数。田间调查发现,麦田棉铃虫蛹80%集中在畦埂的土里。③结合田间整枝打杈,进行人工捉虫抹卵。

(2)诱杀成虫　①在棉田附近种植洋葱、胡萝卜、白萝卜等早春开花作物,把棉铃虫成虫诱集在田内集中消灭。②用高压汞灯、黑光灯、频振灯和双波灯等进行灯光诱杀成虫,把成虫消灭在产卵之前,能起到事半功倍的效果。③插杨树枝把诱杀成虫。在2代棉铃虫成虫发生始盛期,可在棉田插萎蔫的杨树枝把,每667平方米插10～15把,但须在每天早晨太阳出来之前到田间把杨树枝把上诱集到的成虫收集到袋子里集中消灭,否则将加重危害。

(3)生物防治　充分保护和利用天敌,进行生物防治,提高田间的自然控害能力。棉铃虫的捕食性天敌主要有:瓢虫、草蛉、食虫蝽、胡蜂、捕食性蜘蛛等,其寄生性天敌主要有:赤眼蜂、蚜茧蜂、姬蜂、多胚跳小蜂、茧蜂等,对棉铃虫有显著的控制作用。

(4)药剂防治　当棉田内2代棉铃虫卵急增期的第三天开始进行第一次喷药防治,以后每间隔3天喷1次药,根据不同年份、不同区域、不同世代棉铃虫发生期的长短,每一代所需喷药的次数不同。一般每一代需喷药2～3次。2、3代棉铃虫为防治重点。

①棉铃虫幼虫在三龄以前,用氟铃脲5%乳油90～120克/公顷喷雾防治。②用20亿PIB/毫升棉铃虫核多角体病毒悬浮剂1 350～1 800毫升制剂/公顷(每667平方米用制剂90～120毫

升)在阴天或晴天的傍晚喷雾防治。③棉铃虫幼虫到三龄以后,可用25%甲萘威(西维因)可湿性粉剂750～1 125克/公顷喷雾防治。④用75%硫双灭多威(拉维因)可湿性粉剂750～1 200克/公顷喷雾防治。⑤用0.5%甲氨基阿维菌素苯甲酸盐微乳剂2 000倍液喷雾防治。⑥用甲氰菊酯20%乳油120～150克/公顷喷雾防治(每667平方米用药8～10克)。可兼治棉红铃虫和红蜘蛛。⑦用甲基毒死蜱400克/升乳油600～1 050克/公顷(每667平方米用药40～70克)喷雾防治,

(二)玉米螟

1. 危害特征　玉米螟也叫玉米钻心虫,主要危害玉米,但当春玉米面积减少时,也常在棉田危害棉花。幼虫先在棉花嫩尖下部或上部叶片的叶柄基部钻蛀进去,使棉花的嫩头或叶片折断或萎蔫下垂。蛀入棉秆后造成棉秆上部枯死或折断,影响棉花的正常生长。

2. 形态特征　玉米螟成虫是一种黄褐色的小蛾子,体长10～13毫米。老熟幼虫体长20～25毫米,头棕褐色,体乳白色,背部稍带点粉红色或青灰色。每卵块有几十粒卵,卵粒为扁平的短椭圆形,卵刚产下来时是乳白色,后变成黄白色,小虫出来之前,卵块中间出现小黑点,是幼虫的头壳。蛹为红褐色的纺锤形,蛹长13～18毫米,尾部尖细。

3. 发生规律　玉米螟在黄河流域棉区1年发生3代,以老熟幼虫在玉米秆、玉米穗轴或棉秆内越冬。5月下旬是成虫发生期,5月底至6月初是产卵盛期,6月上中旬是危害盛期。主要危害棉苗的叶片和茎秆,后期主要危害棉铃。

4. 防治方法

(1)农业措施　3月底以前处理完棉花、玉米、高粱秆等玉米螟越冬场所,减少越冬虫源。

(2)保护和利用天敌　提高天敌的自然控害能力。玉米螟的主要天敌有赤眼蜂、草蛉、长距茧蜂和黑卵蜂等。除利用自然天敌外,在玉米螟产卵盛期还可进行人工释放赤眼蜂,每667平方米释放赤眼蜂10 000头,连放2次,能起到很好的控制作用。

(3)药剂防治　在玉米螟产卵盛期结合防治棉铃虫进行喷药防治,用25%灭幼脲悬浮剂600倍液,或48%毒死蜱乳油1 500倍液,或用20%杀灭菊酯乳油1 500～2 000倍液,或用20%丙溴磷乳油300～450克/公顷(每667平方米用药20～30克),或用氰戊菊酯20%乳油75～150克/公顷喷雾防治。把害虫消灭在钻蛀棉株和棉铃之前。

(三)棉红铃虫

1. 形态特征　该虫俗称赤实虫,是南方棉区的重要害虫,在长江流域棉区危害较重。棉红铃虫以幼虫蛀食棉籽和花、蕾、铃,幼蕾受害后苞叶张开脱落,受害花蕾的顶部有针尖大小的钻蛀孔。幼虫在蕾内取食花心,并吐丝缀莲花瓣,致使花不能开放,有的虽能开花,但花发育不好,花瓣畸形黏连扭曲。幼虫危害青铃时常从铃基部钻入,虫孔很小如针尖,刚钻蛀青铃时外部有黄色粪粒,1～2天后虫孔变黑褐色,10～15天后青铃脱落。大铃受害后,幼虫在铃内钻蛀取食棉籽,把棉籽仁吃空,使受害铃形成僵瓣不能吐絮。而且受害后有利于铃病的发生或遇雨后造成烂铃,影响棉花的品质和产量。

2. 形态特征　棉红铃虫 成虫体长6.6毫米,灰白色,前翅尖叶形,暗褐色,有4条不规则的褐 色横带。后翅菜刀状,银灰色,有细长的缘毛,灰白色。卵椭圆形,有花生壳状突起的细皱纹,长0.4～0.5毫米,宽0.2～0.3毫米。初产时乳白色,孵化前变成红色。幼虫初为乳白色略带红色,共4个龄期,三龄以后各体节有红色斑纹,老熟幼虫体长11～13毫米,头部棕褐色,虫体润红色。蛹为纺锤形，黄褐色，近羽化时变黑褐色。体长 6～9 毫米，蛹外结有灰白色薄茧。

3. 发生规律　棉红铃虫在棉花生育期 160 天的北方棉区，1 年发生 1～2 代。在棉花生育期 180 天的山东、河南、河北、陕西、陕西大部分棉区，1 年发生 3 代。在四川、湖北、湖南、江西、江苏、安徽和浙江等棉花生育期 200 天以上的棉区，1 年发生 3～4 代。云南、贵州、广东、广西、福建一带，1 年可发生 5 代以上，多的可达 7 代。

棉红铃虫以老熟幼虫在籽棉、棉籽和枯铃中越冬，当平均气温升到 20℃以上时开始化蛹，24℃～25℃时羽化。成虫多在白天羽化，羽化后立即隐藏，等到夜晚外出活动，对黑光灯有趋光性。成虫羽化后 2～3 天开始产卵，第一代卵多产在棉株嫩尖及上部果枝的嫩芽、叶和幼蕾上，第二代卵则多产在青铃上。1 头雌蛾一生可产卵 30～100 粒，多者可达 500 多粒。第一代幼虫主要危害幼蕾，造成大量脱落。以后各代幼虫以为害青铃为主，造成烂铃和僵瓣。

高温多雨的气候条件有利于棉红铃虫的繁殖。各虫期的发育适温为 25℃～32℃，相对湿度为 80%，另外棉花播种早，氮肥用量多，生长旺盛，枝繁叶茂和生长期长的棉田，不仅适合棉红铃虫的生长发育，而且繁殖期延长，往往加重危害。

4. 防治方法

(1)农业措施　①种植转基因抗虫棉是经济有效的防治措施。②消灭棉仓、轧花厂所及其他场所的越冬虫源。③在棉花仓库周边 2 000 米内连续 2～3 年不种植棉花。可完全控制棉红铃虫的发生危害。④在 6 月中下旬用浓度为 100 毫克/千克乙烯利加 100 毫克/千克缩节按溶液喷洒棉株，每 667 平方米用 20 千克药液，去除棉花早蕾，调节棉花生育期，以减少棉红铃虫得虫花数。⑤人工摘虫花。在 7 月份从开花期到盛花期每天上午 8～12 时，结合整枝打杈摘除虫花，把摘掉的虫花装到塑料袋里，带出田外集中处理,此法并不影响棉花产量。

2. 药剂防治 当2代棉红铃虫百株卵量达50~80粒,三代棉红铃虫百株卵量达150~200粒时,用甲氰菊酯20%乳油120~150克/公顷(每667平方米用药8~10克),或用20%氰戊菊酯乳油75~150克/公顷(每667平方米用药5~10克)喷雾防治。喷药时,2代要做到全株均匀喷药,3代防治时,药液要集中喷在中上部的青铃上,如果喷药时对上部青铃喷头朝下喷射,对中部青铃喷头横向喷射,效果会更好。

(四)棉金刚钻

又叫钻心虫、断尖虫和黑花蛆。我国危害棉花的金刚钻主要有鼎点金刚钻、翠纹金刚钻和埃及金刚钻3种。但在黄河流域棉区和长江流域棉区均以鼎点金刚钻发生较重。

1. 形态特征 鼎点金刚钻(图1-10)的成虫体型较小,体长只有6~7毫米,黄绿色,前翅外缘角为橙黄色,外缘中央有1个橙红色斑,其中有3个红色小点成鼎足排列。

2. 发生规律 在河北、河南、陕西、四川巴中和湖北襄阳等地均以一年发生4代为主,少数地方一年发生3~5代。江苏、湖北、贵州等地,一年发生5~6代,少数发生7~8代。第一代多在寄主作物上繁殖危害,第二代侵入棉田危害。

鼎点金刚钻以蛹、茧在枯铃和棉铃苞叶间以及棉田附近的枯枝落叶下和树木、电线杆的缝隙里越冬,越冬蛹在翌年的4~5月份,平均温度达到22℃时开始羽化,26℃时进入羽化盛期。成虫有趋光性,但飞翔能力不强。白天隐蔽,夜间活动。成虫羽化后3~5天开始产卵,产卵期一般6~18天,长的可达24天。一头雌成虫能产卵60~200粒,多的可达540粒。成虫的产卵时间主要集中在晚上8~11时,占全天产卵总量的65.6%~72%,卵多散产在棉株的嫩叶、嫩尖、嫩茎和花蕾上,部分产在叶柄和果枝上,在棉花的生长后期则多产在叶柄和果枝上，部分产在花蕾和嫩尖上。卵孵化的适宜温度为 23℃～27℃，相对湿度为 66%～83%；幼虫发育的适宜温度为 25℃～30℃，相对湿度为 80%以上。但当温度超过 32℃时不利于幼虫的生长发育。幼虫孵化后先爬行 2～3 小时，后吐丝借助风力分散，钻入嫩茎里蛀食。

3. 危害特征　嫩尖受害后枯萎变黑下垂，以后侧枝丛生。幼小蕾铃受害后变成黑褐色，枯萎脱落。大蕾受害后苞叶张开脱落，花心受害后柱头被咬断不能结铃，青铃受害后，幼虫多从棉铃基部钻入，咬食纤维和棉籽，虽然铃不脱落，但会形成烂铃和僵瓣。幼虫在三龄以前食量虽小，但转移危害频繁。所以，危害较大。到三龄以后，吃得多但运动少，危害反而减轻，一般一头幼虫能危害花蕾 20 个，或危害青铃 4～5 个。

4. 防治指标　当 5～7 月份棉田百株有卵 3～4 粒，或 2%～3%的棉株嫩尖受害时进行防治。8～9 月份百株有卵 8～10 粒时进行防治。

5. 防治方法

(1)农业防治　冬季集中处理棉秆、枯铃和落叶，消灭越冬虫源。在生长管理期，及时打顶、抹赘芽、摘除无效花蕾，能直接消灭部分卵和低龄幼虫。结合根外追肥，喷施 1%～2%的过磷酸钙浸出液，具有驱避作用，能减少田间落卵量。

(2)诱杀成虫　利用佳多频振式杀虫灯或杨树枝把诱杀成虫。利用成虫喜欢在向日葵、秋葵或木槿等作物上产卵的习性，在田边种植诱集作物如向日葵、秋葵或木槿等作物集中诱杀，以减轻对棉田的危害。

(3)药剂防治　当田间每百株有卵 20 粒或嫩尖受害率达 3%时，用甲基毒死蜱 400 克/升乳油 600～1 050 克/公顷，或用 0.3%苦参碱水剂 1 000 倍液，或用 90%晶体敌百虫 1 000 倍液，或用甲萘威(西维因)25%可湿性粉剂 750～1 125 克/公顷，或用 80%的晶体敌百虫2 250～3 000克/公顷,或用40%丙溴磷乳油600～700克/公顷(每667平方米用药40～47克)喷雾防治。

三、食叶类害虫

(一)棉大造桥虫

1. 危害特征 棉大造桥虫又叫棉叶尺蛾,俗名叫量地虫,使棉花生长中后期的食叶性害虫。棉大造桥虫主要以幼虫咬食棉叶,发生严重的地块,叶片常被吃光,形成光杆,有时也危害花蕾,影响结铃,在棉花、大豆间作的地块发生较重。

2. 发生规律 棉大造桥虫在黄河流域棉区和长江流域棉区都有发生,它是一种间歇性局部危害的杂食性害虫。除为害棉花外。还为害豆类、花生、向日葵、麻类等作物。在长江流域棉区1年发生4～5代,每1代的发生历期大约40天,最后1代幼虫10月上旬开始入土化蛹,以蛹在土中越冬,翌年3月中下旬开始羽化。成虫羽化后1～3天交配,交配后1～2天产卵,卵散产在土缝、土面或柴草上。棉大造桥虫的卵壳较厚,能借水流传播蔓延。雌蛾的产卵能力强,1头雌蛾能产卵800多粒。初孵幼虫有吐丝下垂随风飘移转株危害的习性,幼虫的活动不很活泼,爬行时身体中间拱起如桥状。有时身体像嫩枝一样栖息在棉株上。第一代主要危害豆类,第二代危害棉花,第三代因天气炎热发生不太重,第四代在棉田发生虫量增加。

3. 形态特征 棉大造桥虫成虫体长16～20毫米,前翅暗灰色,翅中央有半圆形白斑,翅外缘有7～8个半月形黑板互相连接。老熟幼虫体长40毫米,黄绿色,圆筒形,光滑,两边密生黄色小点。卵长椭圆形,青绿色。

4. 防治方法

(1)农业措施 ①应用转基因抗虫棉品种是防治棉大造桥虫的有效措施。②冬耕灭蛹,减少翌年的虫源基数。一般成熟较晚的棉花、花生、大豆田是棉大造桥虫末代幼虫的主要发生地块,也是蛹越冬的主要场所。对这些地块进行冬耕冬灌,可以消灭大部分越冬蛹,能有效地减轻第二年的发生程度。③人工摘除虫叶,集中消灭。结合棉田整枝打杈等农事操作,人工摘除被幼虫为害的棉叶,带出田外,集中消灭。

(2)诱杀成虫 在棉大造桥虫成虫发生期,通过往棉田插放杨树枝把诱杀成虫,把成虫消灭在产卵之前。方法为:每6～10根杨树枝捆成一把,每667平方米10～15把,分散插放在田间,插放的高度稍高于棉株。但是必须在每天早晨捕杀成虫,才能降低田间虫口密度。否则将会加重田间的危害程度。

(3)药剂防治 可结合防治其他害虫兼治。大发生时,在幼虫三龄之前,用25%甲萘威(西维因)可湿性粉剂750～1125克/公顷,或25克/升高效氯氰菊酯乳油7.5～22.5克/公顷,或用0.3%苦参碱水剂1000～1500倍液,或用敌敌畏50%～80%乳油600～1200克/公顷(每667平方米用药40～80克),或用45%杀螟硫磷乳油375～562.5克/公顷(每667平方米用药25～37.5克)喷雾防治。

(二)棉小造桥虫

棉小造桥虫又叫棉夜蛾,俗名叫打弓虫(图16)。除西北内陆棉区和新疆棉区外,其他棉区都有发生。但以长江流域和黄河流域棉区发生较重。

1. 发生规律 卵多产在中下部叶片的背面,初孵幼虫喜欢爬行,有吐丝下垂随风飘移转株危害的习性。一至二龄幼虫主要危害棉株的中下部叶片,三至四龄时转移到棉株上部咬食棉叶、蕾、花和幼铃。棉田内的老熟幼虫常在蕾、铃的苞叶间吐丝结茧化蛹。7～9月份雨水多的年份,有利于棉小造桥虫的发生危害。棉小造桥虫在黄河流域棉区1年发生3～4代,主要在8～9月份危害。在长江流域棉区1年发生4～6代,主要在7～8月份危害。

2. 形态特征 棉小造桥虫成虫体长10～12毫米,头胸部黄色,腹部灰黄色,前翅有4条波状横纹,内半部淡黄色,布满红褐色小点,近翅中间有1个椭圆形白斑。成虫有较强的趋光性,对杨树枝把也有趋性。雌蛾体色较浅,1头雌蛾能产卵200～1 000粒不等。卵青绿色,扁圆形,顶端有环状隆起线,有很多纵棱和横格。三龄幼虫体长10～12毫米,老熟幼虫体长35毫米,体色青绿或灰黄色。蛹纺锤形,体长约12毫米,有两对并列的臀棘。

3. 防治方法 参考棉大造桥虫的防治。

(三)棉大卷叶螟

也叫卷叶虫、打包虫或包叶虫(图17)等。也是鳞翅目害虫,转基因抗虫棉对其抗性较强。

1. 危害特征 棉大卷叶螟主要以幼虫危害棉叶,开始时棉叶被吃成许多小孔,以后被幼虫吐丝卷成喇叭形或圆筒形(图18),叶片被吃成孔洞或大缺刻,严重时棉株叶片被全部吃光,仅剩下叶脉。严重影响棉花的生长发育,不能开花结铃。

2. 形态特征 棉大卷叶螟的成虫体长8～14毫米,虫体黄褐色有闪光,翅上有褐色花纹,触角为淡黄色丝状触角。卵为椭圆形,约长0.12毫米,宽0.09毫米,初为乳白色,孵化前变成灰色。老熟幼虫体长25毫米,宽约5毫米,由青绿色变为淡褐色,越冬前红色,胸足为黑色,头红褐色,有不规则的深紫色斑纹。蛹体长约12～13毫米,纺锤形,初化蛹时为淡绿色,后变为红棕色。

3. 发生规律 棉大卷叶螟在黄河流域棉区1年发生3～4代,在长江流域棉区1年发生4～6代,以老熟幼虫在枯枝落叶、棉田落铃或杂草中结茧越冬。4～5月份化蛹羽化，第一代幼虫在木槿、苘麻等作物田里繁殖危害。第二代开始潜入棉田危害，8～9月份是危害盛期。成虫白天隐藏，黑夜出来活动，有趋光性。成虫羽化后即可交尾，两天后开始产卵，卵多散产在叶背面，靠近叶脉处最多。每头雌蛾平均可产卵185～256粒，一般在3天内把卵产完。一至二龄幼虫聚集在叶背啃食叶肉，保留叶的上表皮，三龄以后吐丝卷叶，在叶筒内危害，虫口密度高的时候1个叶筒内可有几头幼虫，当1片叶吃完时再转移到其他叶片继续危害。幼虫老熟后在卷叶筒内化蛹。幼虫有吐丝下垂随风飘移的习性。一般在高温多湿，水肥充足，生长茂盛以及离村庄较近或棉叶肥大的棉田危害较重，鸡爪形的棉花品种则很少受害。

4. 防治方法

(1)农业防治　棉田进行秋耕冬灌，减少越冬虫源。种植转基因抗虫棉。及时清除田间杂草枯叶，防治早期寄主上的幼虫，减少虫源。结合整枝打杈，捏死卷叶筒内的幼虫。

(2)药剂防治　在一至二龄幼虫期没有卷叶之前，每100株棉株有幼虫30～50头时，应进行药剂防治。用90%晶体敌百虫稀释800～1 000倍液，或用0.3%苦参碱水剂1 000～1 500倍液，或用4.5%高效氯氰乳油15～30克/公顷，或用高氯.辛硫磷25%乳油150～225克/公顷喷雾防治。

(四)银纹夜蛾

银纹夜蛾(图19、图20)为杂食性食叶害虫。主要危害萝卜、白菜、甘蓝、芜菁等蔬菜，也危害茄子、豆类、棉花等作物。一般发生年份对棉花危害不大，但在个别年份大发生时，对棉花造成较大的危害。

1. 危害特征　银纹夜蛾主要以幼虫危害叶片，初孵幼虫多藏在叶背面，早、晚取食叶肉，剩下表皮，并能吐丝下垂。三龄以后咬食叶片。造成孔洞和缺刻,严重时把叶片吃光。幼虫老熟后在叶片背面结茧化蛹。

2. 发生规律 银纹夜蛾的成虫有趋光性,白天藏起来,黑夜出来活动产卵,卵多散产在叶背面,3～6天孵化。在黄河流域棉区1年发生3～5代。以蛹在叶片或土表的厚茧中越冬。每年的4月中下旬开始见成虫。下雨过多,湿度太大或暴风雨天气不利于银纹夜蛾的发生危害。

3. 形态特征 成虫体长12～17毫米,头部灰褐色,前翅深褐色,翅中间有1个银白色的三角形斑纹和1个钩形斑纹。卵半球形,初产白色,后变成紫色。老熟幼虫体长25～32毫米,有两对腹足。蛹纺锤形,体长19～20毫米,尾部有6根尾刺。

4. 防治方法

(1)诱杀成虫 利用其趋光性,悬挂黑光灯诱杀成虫。

(2)药剂防治 防治棉铃虫等其他害虫时兼治,一般不用单独防治。严重时,可用90%晶体敌百虫1 000倍液,或用5.7%百树菊酯乳油390～660毫升/公顷(26～44毫升/667米^2),或用75%硫双灭多威(拉维因)可湿性粉剂750～1 200克/公顷(50～80克/667米^2)喷雾防治。也可用每克含10万国际单位的青虫菌粉500倍液喷雾防治。

(五)斜纹夜蛾

也叫莲纹夜蛾、斜纹夜盗虫(图21)等。主要以幼虫危害棉株、叶片、蕾、花和铃。它的食性很杂,什么都吃,能危害大白菜、甘蓝、茄科作物和棉花等200多种作物。除东北地区外,在全国各地都有斜纹夜蛾的危害。

1. 危害特征 斜纹夜蛾的初孵幼虫群集在叶片背面取食叶肉(图22),剩下叶脉和表皮,使受害叶变成纱网一样的花叶,二龄以后分散危害叶片和蕾铃,严重时能把叶片吃光,造成蕾铃脱落和烂铃。

2. 形态特征　斜纹夜蛾的幼虫体长14～20毫米，深褐色，前翅灰褐色，有3条白色斜纹。卵扁半球形，直径0.5毫米大小，表面有网纹，初产乳白色，后变成淡绿色，孵化前为紫黑色，卵粒集结成3～4层的卵块，外面盖有松散的灰黄色绒毛。老熟幼虫体长35～47毫米，体色变化较大，主要有花斑、黑斑和土黄3种颜色。蛹红褐色，体长15～20毫米。

3. 发生规律　在黄河流域棉区1年发生4～5代，在长江流域棉区1年发生5～6代。以蛹和少量老熟幼虫在地下越冬。成虫的飞翔能力强，能做远距离迁飞，多在夜间活动，有趋光性和趋糖醋习性。卵多产在棉株中部叶片背面的叶脉分叉的地方，四龄以后进入暴食期，老熟后入土化蛹。在长江流域棉区7～8月份、黄河流域棉区8～9月份危害较重。

4. 防治方法

(1)农业措施　用人工摘除卵块或没有分散危害的“纱网形”受害带虫叶片。在卵盛发期，每天上午9时之前或下午4时以后，迎着阳光人工摘除卵块或没有分散危害的“纱网形”受害叶片(初孵虫窝)，此法简便易行效果好。

(2)人工诱杀　用黑光灯、糖醋液或杨树枝把蘸80%晶体敌百虫或可溶性粉剂500倍稀释液诱杀成虫。

(3)药剂防治　在幼虫分散危害之前，用50%辛硫磷500倍液，或90%晶体敌百虫1 000倍液，或2.5%功夫菊酯乳油3 000倍液，在傍晚喷雾防治。

(六)甜菜夜蛾

也叫贪夜蛾、玉米叶夜蛾(图23)，其食性杂，危害广，在全国各地都有发生。能危害棉花、甜菜、玉米、大豆、蔬菜等100多种作物。近几年来频繁严重发生，有上升为主要害虫的趋势。

1. 危害特征　初孵幼虫多群集在叶背面吐丝结网,取食叶肉,只留表皮,三龄以后分散危害棉叶,严重时也危害蕾铃。

2. 形态特征　成虫体长10～14毫米,灰褐色,前翅中间有1个肾形斑和1个土红色圆斑。卵粒馒头形,淡黄或淡青色,重叠成卵块,有土黄色绒毛覆盖。老熟幼虫体长22～30毫米,体色变化较大,有浅绿、暗绿、灰褐和黑褐色,三龄以前多为绿色。蛹黄褐色,体长10毫米。

3. 发生规律　在黄河流域棉区1年发生4～5代,在长江流域棉区1年发生5～6代。以蛹在土室中越冬。每年7～9月份是危害盛期。甜菜夜蛾是一种间歇性大发生害虫。成虫白天隐藏,夜间活动,喜欢灯光。幼虫会装死,不怕高温,害怕寒冷,所以夏天很热的年份和秋季发生较重。冬天寒冷时间持续长的年份,不利于甜菜夜蛾的越冬存活,翌年发生及危害比较轻。

4. 防治方法

(1)*农业措施*　秋后及时拔除棉柴,进行秋耕冬灌,消灭越冬虫源。早春3～4月份,及时除草,消灭杂草上的低龄幼虫。结合田间管理,人工摘出卵块和分散危害之前的虫叶,集中消灭。

(2)*生物防治*　保护和利用天敌,主要有:草蛉、猎蝽、步甲和蜘蛛等。

(3)*诱杀*　利用黑光灯诱杀成虫。

(4)*药剂防治*　①在卵孵化盛期和低龄幼虫期,每667平方米用每克含100亿～300亿活孢子的杀螟杆菌50～100克,或每克含100亿活孢子的青虫菌粉50～67克在傍晚进行喷雾防治。②对三龄以前的幼虫用40.7%的毒死蜱2 000倍液,或用45%的杀螟硫磷乳油375～562.5克/公顷,或用20%丁硫克百威乳油90～180克/公顷,在傍晚进行喷雾防治。

(七)棉小象鼻虫

1. 形态特征 也叫棉小灰象甲(图 24),俗名叫放羊佬。成虫体长 3～5 毫米,灰黄色,腹面黄绿色,有金属光泽,鞘翅上有灰白色细毛,前胸背板上有 3 条褐色纵纹。卵为椭圆形略弯曲,长 0.6～0.9 毫米,初产为黄白色,孵化前呈淡红色。幼虫圆筒形,肥胖,无足,体长约 4～6 毫米,头黄褐色,体为乳白色,羽化时变成灰白色。

2. 危害特征 该虫以成虫在棉田啃食棉株嫩尖和花蕾,7 月下旬是危害盛期,苞叶和花蕾被吃成缺刻,甚至吃光。严重时造成蕾铃脱落。大发生年份虫株率达 100%,一般百株有虫 200～800 头,多的达 1 000 头以上。蕾、铃、苞叶受害后一般不脱落,但棉花成铃小,开张度差,棉花的产量和品质都会受到影响。

3. 发生规律 棉小象鼻虫 1 年发生 1 代,以幼虫在土中越冬,5 月下旬至 6 月初化蛹,6 月中下旬羽化。成虫喜欢在阴凉天气活动,阴天时多在棉株上部叶片正面爬行,雨天多在蕾和花中隐蔽。而且成虫喜阴暗怕强光,晴天的白天多隐藏在花蕾、苞叶内取食花萼,7 月中下旬为成虫交尾产卵盛期,清晨和傍晚在棉株上交尾产卵,卵期 5～8 天,交尾多在傍晚 5～6 点时开始,一直持续到晚上 8～9 时。成虫的寿命一般为 30 天左右,长者可达 50 多天。成虫具有假死性,一遇振动立即假死落地。

4. 防治指标 当百株成虫达 50 头以上时即可进行喷药防治。

5. 防治方法

(1)农业措施 人工捕杀,利用小象鼻虫的假死性,在上午 9 时以前,下午 5 时以后的成虫活动盛期,用脸盆、面罗、布网等容器,把虫震落收集起来集中消灭。6 月中下旬成虫羽化出土期间,在棉田行间挖 10 厘米深的小土坑,坑底撒上毒土,坑上放些青草、树叶之类的诱饵,翌日清晨把诱集的成虫集中杀死。

(2)药剂防治　当百株虫量达到30～50头时,每667平方米可用2.5%敌百虫粉剂1.5～2千克喷粉防治。用丙溴磷40%乳油300～450克/公顷喷雾防治。

(四)蝗　虫

蝗虫也叫蚂蚱,是杂食性害虫。玉米、棉花、水稻、高粱、麦类、豆类等作物都能危害。蝗虫的种类很多,但危害棉花的主要是中华稻蝗、短额负蝗和日本黄脊蝗。中华稻蝗主要分布在黄河流域棉区和长江流域棉区,短额负蝗和日本黄脊蝗在全国各主产棉区都有发生。

1. 形态特征

(1)中华稻蝗　成虫(图25)体长16～40毫米,雌虫比雄虫体长差不多能大1倍,虫体淡黄色,前翅的前缘是绿色,其他部分都是淡褐色。

(2)短额负蝗　也叫小扁担(尖头蝗)(图26),雌成虫体长32毫米,雄成虫体长比雌成虫约小一半,经常是一大一小背在一起活动。体色淡绿或褐色,有淡黄色瘤状突起,头尖,颜面斜度很大,与头成锐角。雄成虫的丝状触角很长,等于头胸之和。

(3)日本黄脊蝗　成虫(图27)体长31～36毫米,黄褐色或暗褐色,体背面沿中线从头顶到翅尖有明显的浅黄色纵条。

2. 发生规律

(1)中华稻蝗　中华稻蝗1年发生1～2代,以卵在田埂、地边的荒土中越冬。5月份孵化出土,7～8月份见到成虫,以成虫和若虫危害棉叶,在潮湿多草的棉田发生较重。

(2)短额负蝗　在全国各产棉区都有发生危害。在华北棉区1年发生1代,在长江流域棉区1年发生2代。以卵在土中越冬,卵多成块产在杂草稀少、地面较平整和不干不湿的细土上。卵块在土中的深度约 2～3 厘米，每块卵块中有 25～100 粒卵。短额负蝗 90%以上能连续多次交尾产卵。一至二龄若虫取食叶肉，并能把棉叶咬成缺刻，成虫咬食棉蕾、苞叶和花。上午 11 时之前和下午 3～5 时是蝗虫的取食活动盛期。天气炎热时，取食的活动时间提前到 10 时之前，下午则推迟到傍晚，其他时间则躲藏到作物和杂草中。

(3)日本黄脊蝗　在全国各棉区都有分布。在黄河流域棉区和长江流域棉区 1 年发生 1 代，以成虫在田边杂草或土缝中越冬。3～4 月份开始危害小麦，小麦收割后转移到棉田、大豆、红薯、玉米田危害，并在土里产卵，6～7 月份蝗蝻出土危害(蝗蝻共分 6 个龄期)，8 月中旬羽化为成虫，10 月中下旬开始越冬。

3. 防治方法

(1)农业措施　坚持冬耕冬灌，清除田边杂草，减少越冬虫源。保护和利用天敌。

(2)药剂防治　①在蝗蝻出土初期，先用微孢子虫制剂拌切碎的青草制成毒饵，顺垄撒施在棉田，5～7 天后，再用 5%定虫隆乳油(别名抑太保)，或 5%氟虫脲乳油 1 000～2 000 倍液喷雾防治 1 次。可长期控制其危害。②在蝗蝻没有分散危害之前，用 90%晶体敌百虫 50 克加适量水稀释后，拌炒香的麦麸或豆饼粉 5 千克制成毒饵，撒在田间诱杀。③用 20%丙溴磷乳油 300～450 克/公顷喷雾防治。

(五)美洲斑潜蝇

美洲斑潜蝇，俗称地图虫、鬼画符(图 28)。属双翅目潜蝇科害虫，是 20 世纪 90 年代初由巴西新传入我国的一种危害性很大的毁灭性害虫。目前，已在我国 23 个省、市、自治区发生危害。

其特点是：①其寄主作物多，而且受害的作物种类很多。除严重危害黄瓜、丝瓜、西瓜、茄子、番茄、白菜、油菜等多种蔬菜之外，还能危害棉花、蓖麻、和部分花草。现已成为很多地区蔬菜上的重要害虫。②食量非常大,个体发育极快,繁殖世代多,成灾迅速。

1. 危害特征 美洲斑潜蝇的幼虫藏在作物的叶片里面取食叶肉,在叶片上留下弯弯曲曲的蛇形虫道(图29),新鲜的虫道为白色,老虫道为黄褐色或铁锈色。使叶片象绘制的地图一样。危害严重时,1片叶子上有十到十几头甚至几十头虫,叶片上80%以上的叶肉被吃光,严重影响叶片的光合作用,使其产量受到影响。

2. 发生规律 正常情况下,美洲斑潜蝇1年可繁殖15~20代。田间调查研究结果表明,美洲斑潜蝇6月下旬在棉田开始发生危害,7月中旬进入危害盛期,平均百株虫叶20~750片,单叶虫道少的5~10条,约占叶面积的5%~10%,多的单叶虫道20~30条,约占叶面积的70%以上。受害叶片的叶肉被取食一空,使叶片失去光合作用的能力,严重影响棉花的生长发育。

3. 形态特征 美洲斑潜蝇体长只有2毫米左右。它的后头部和腹背面是黑色,其他部分是黄色。幼虫是一种没有头的蛆,初孵的幼虫颜色很浅,以后慢慢变成黄色或鲜黄色。老熟幼虫体长2毫米左右,最大的不超过3毫米。蛹体长1.3~2毫米,黄色或鲜黄色。

4. 防治方法

(1)*农业措施* 在零星发生时期,及时摘除有虫叶片和带虫的植株残体烧毁和深埋。

(2)*物理措施* 用黄色诱虫板诱杀成虫。成虫发生期,在田间每隔50平方米左右插一块8开纸大小的黄色粘性诱杀板,诱杀板高出作物10~15厘米,能诱杀大量成虫。当诱虫板粘满成虫时,要及时更换,一般情况下,3~4天更换1次。

(3)*药剂防治* 用高效低毒的阿维菌素系列杀虫剂进行喷雾防治。如1.8%的阿维菌素乳油10.8~16.2克/公顷,或15%的阿·乐(阿维菌素·乐果)乳油2 000~3 000倍液,也可用48%毒死蜱乳油1 000～1 500倍液，或甲基毒死蜱400克/升乳油600～1 050克/公顷等喷雾防治。

四、地下害虫

（一）地老虎

也叫土蚕，是为害棉苗的主要害虫。地老虎的食性很杂，除危害棉花外，还可为害粮、油、蔬菜、烟草等各种作物的幼苗。

1. 危害特征　刚出壳的初孵幼虫只咬食叶肉，留下表皮，稍大一点后把叶片咬成缺刻。如果棉苗的生长点被地老虎幼虫为害，就会形成多头棉。当地老虎的幼虫长到三龄以后，就会咬断棉苗的主茎，造成缺苗断垄。地老虎有大地老虎、小地老虎和黄地老虎之分。

2. 形态特征

（1）大地老虎　成虫（图30）体长25～30毫米，前翅前缘为棕褐色，其余为黑褐色，有棕褐色的肾状纹和环形纹。老熟幼虫体长41～60毫米，黄褐色，体表有很多皱纹，臀板为深褐色，布满了龟裂状纹。

（2）小地老虎　成虫（图31）体长17～23毫米，体为灰褐色，前翅上有肾形斑、环形斑和棒形斑。肾形斑外有一个很明显的尖端向外的楔形黑斑，亚缘线上有2个尖端向里的楔形斑，3个楔形斑相对，很容易识别。老熟幼虫体长37～50毫米，头部褐色，有不规则的褐色网纹，臀板上有2条深褐色纵纹。

（3）黄地老虎　成虫体长14～19毫米，前翅黄褐色，有一个明显的黑褐色肾形斑和黄色斑纹。老熟幼虫体长33～45毫米，头部深黑褐色，有不规则的深褐色网纹，臀斑有两大块黄褐色斑纹，中央断开，有分散的小黑点。

3. 发生规律

(1)大地老虎　在全国棉区都可发生,1年只发生1代,以幼虫在土中越冬。翌年3～4月份出土危害,4～5月份是为害盛期。9月中旬以后化蛹羽化,并在土壤表面或杂草上产卵,幼虫孵化后进入土中越冬。

(2)小地老虎　在全国各棉区都有发生,在黄河流域棉区1年发生3～4代,在长江流域棉区1年发生4～6代,以幼虫和蛹越冬,但在黄河流域棉区以北不能越冬。卵多产在土表的残株根茬、棉苗或杂草上。4月下旬到5月上旬是幼虫发生盛期,在阴凉潮湿、杂草多和湿度大的棉田,虫量多,发生重。

(3)黄地老虎　主要分布在西北内陆棉区和黄河流域棉区,在西北内陆棉区1年发生2～3代,在黄河流域棉区1年发生3～4代。以老熟幼虫在土中越冬,翌年3～4月份化蛹,4～5月份羽化。成虫发生期比小地老虎晚20～30天,只有第一代幼虫危害棉苗。一般在土壤黏重、地势低洼和杂草多的棉田发生较重。

4. 防治方法

(1)农业措施　播种前精细整地,清除田间地头杂草,种衣剂处理种子,均可减轻苗期地老虎的危害。另外,转基因抗虫棉也有杀伤地老虎的作用。

(2)诱杀成虫　3种地老虎都有喜欢灯光和糖醋液的习性,在成虫发生期用黑光灯、杨树枝把、新鲜的桐树叶和糖醋液(糖醋液的配置方法使用6份糖加3份醋加10分水混合)等方法诱杀成虫,能收到很好的防治效果。

(3)药剂防治　①诱杀幼虫。在地老虎幼虫为害期用90%晶体敌百虫100克加水1升混合后喷拌在5000克炒香的麦麸或砸碎炒香的棉籽饼上,配制成地老虎喜欢吃的毒饵,傍晚顺垄撒施在棉苗附近进行防治。②喷雾防治。在棉花苗期,用90%晶体敌百虫1000倍液,或20%速灭杀丁或20%氰戊菊酯乳油1500～2000

倍液进行喷雾防治。

(二)蛴　螬

蛴螬是金龟甲幼虫的总称(图32)。属鞘翅目,金龟甲科。幼虫的俗名很多,各地叫法不一,如大头虫、老鸦虫、白土蚕等。成虫俗名叫金壳螂、铜壳螂、或金龟子。蛴螬的种类很多,在全国各地都有发生。在地下危害作物种子的幼芽、幼苗、幼根和嫩茎。对小麦、玉米、棉花、花生、红薯、蔬菜等作物的种子、幼苗、幼根、嫩茎以及块根等均可咬食或钻蛀危害。使植株枯死。成虫晚上出土,飞入农田、果园,咬食叶片、幼果,对果树危害较重(图33)。危害棉苗的主要有铜绿金龟甲和黑绒鳃金龟甲。严重时造成缺苗现象。

1. 形态特征

(1)铜绿金龟甲　成虫(图34)体长15～21毫米,鞘翅铜绿色,有光泽。卵椭圆形,长约1.8毫米,白色。表面光滑,幼虫体长30～33毫米,弯曲成“C”字形,体肥胖,乳白色,只有3对胸足,腹面有刺毛两列,每列有13～14根长锥刺组成。蛹为裸蛹,体长18～22毫米,黄褐色,长椭圆形稍弯曲。

(2)黑绒鳃金龟甲　又叫天鹅绒金龟甲。成虫体长10毫米,黑褐色,椭圆形,体翅上多细绒毛,俗名叫“黑老婆虫”。幼虫肛门裂“I”型,前方刚毛呈横向弧形排列较整齐。

2. 发生规律

(1)铜绿金龟甲　1年发生1代,以幼虫在土下越冬。成虫出现日期,因地区差异而不同。山西为7月上旬,河南、河北为6月上旬到7月上旬,江苏在6月中旬。成虫有趋光性和假死性,平均寿命在28天左右。每头雌成虫平均产卵29.5粒,多产在豆地和花生地土下6～16厘米之间。卵期9～19天。

(2)黑绒鳃金龟甲　1年发生1代,以成虫在土中越冬,每年的4～5月份出土危害。成虫危害棉苗,幼虫危害棉根。成虫以傍晚出土交尾、产卵最盛,卵多产在10～20厘米土层内,卵期5～10天。幼虫孵化后集聚在土壤内取食作物嫩根和腐殖质,幼虫共3龄,历期80天左右,幼虫老熟后在20厘米以下土层化蛹。成虫羽化后随即越冬,不再出土,等翌年春天再出土危害。成虫有趋光性和假死性,多在夜间危害。近几年在华北棉田发生严重。

3. 防治方法

(1)农业措施　利用其假死性人工捕捉,犁地时捡拾蛴螬。利用金龟子的趋光性,用黑光灯或频振式杀虫灯诱杀成虫。

(2)药剂防治　成虫发生期选用内吸剂有机磷杀虫剂如:40%高氯·辛硫磷乳油360～480克/公顷或20%丙溴磷300～450克/公顷喷雾防治。

(三)蝼蛄

蝼蛄又叫拉拉蛄,属直翅目蝼蛄科(图1-22)。

1. 危害特征　蝼蛄的成虫和若虫均可危害粮、棉、果树、蔬菜等多种作物的种子、幼苗、幼根和嫩茎。作物受害处呈乱麻状。蝼蛄不仅直接伤害作物的幼苗、种子和根、茎,而且常在地表窜动,形成隧道,使幼苗、根、茎因和土壤分离而干枯,死亡。造成严重的缺苗断垄现象。

2. 形态特征　棉田常见的蝼蛄有华北蝼蛄和非洲蝼蛄两种。

(1)华北蝼蛄　也叫大蝼蛄(图35)。个体肥大粗壮,成虫体长30～45毫米,黄褐色,后足胫节内侧有距刺1～2根。卵椭圆形,初产时卵粒较小,约长1.7～1.8毫米、宽1.3～1.4毫米,为黄白色。到孵化前卵粒增大,长约2～3毫米、宽约1.7毫米,卵粒深褐色或深灰色。若虫和成虫相似,无翅,仅有翅芽。

(2)非洲蝼蛄　个体瘦小,行动灵敏,成虫体长30～35毫米,淡黄色。后足胫节内侧有距刺3～4根。卵长椭圆形,初产白色,长约2毫米、宽1.2毫米。到孵化前变暗紫色,长约3毫米、宽约

1.8～2毫米。若虫灰黑色或暗褐色。腹部长椭圆形,末端近纺锤形。

3. 发生规律

(1)华北蝼蛄 约3年完成1代,以成虫和若虫在土下150厘米处越冬。当春季20厘米土温上升至8℃以上时,开始上升危害。危害期地表常出现10厘米左右长的隧道。6～7月份是蝼蛄的产卵盛期,平均每头雌虫可产卵120～160粒,多者可达500～800粒。卵期20多天。卵集中产在畦埂、地堰附近干燥向阳、地势较高的松软土壤里。一般情况下,轻盐碱地卵量较多,重盐碱地和黏土、壤土地卵量较少。初孵若虫乳白色,头窄小,腹部肥大,行动迟缓,怕风、怕水、怕光,多集中在洞中活动,很少外出。三龄以后分散危害。华北蝼蛄喜欢潮湿,常在偏盐碱的平原地区沟、渠和沿河边等低洼潮湿地块发生较重。成虫有趋光性。

(2)非洲蝼蛄 1～2年完成一代,成虫5～6月份产卵,平均每头雌虫可产卵60～80粒,卵多产在5～10厘米深处的扁圆形卵室内,每卵室内有卵30～50粒,常以杂草堵塞洞口,若虫孵化后破草而出,初为乳白色,1天后变为黑色,形态与成虫相似。3天后就有很强的跳跃力。若虫当年发育至五至六龄,翌年春季羽化为成虫。成虫对牛、马粪及未腐熟的有机物堆积处有趋性。成虫趋光性较强。一年中4～10月份,春、夏、秋播作物均可受害。

4. 防治方法

(1)农业措施 不使用未经腐熟的有机粪肥,以防止吸引地下害虫产卵。及时中耕、除草、镇压,适当调整播期,以错过蝼蛄危害盛期。减轻危害。在成虫活动产卵盛期,用黑光灯诱杀成虫。

(2)药剂防治 用毒饵诱杀。蝼蛄喜爱香、甜物质,可用90%的晶体敌百虫0.5千克拌炒香的麦麸、豆饼或煮熟的谷子50千克,制成毒饵,于傍晚顺垄成堆撒施在田间,每2平方米撒施一堆,每667平方米撒施毒饵4～5千克,进行诱杀。同时可兼治地老虎。

(四)棉花根结线虫

1. 危害特征 棉花根结线虫是一种寄生在棉花根部的线虫。棉花根结线虫侵入棉花根部以后,在根上长出一些像小谷粒一样的小瘤子,叫虫瘿。发生初期,棉株的地上部并没有明显的症状。随着危害的加重,受害的棉株叶片开始变黄,棉株明显矮小,花铃减少,拔出棉根查看,根系的受害处膨大,形成谷粒状、绿豆状大小不一的虫瘿或纺锤形根结。由于线虫侵入时留下的伤口,还能导致棉花枯黄萎病的加重发生。

2. 发生规律 棉花根结线虫主要发生在浙江省,1年发生5代,主要分布在5~10厘米土层,它的适宜侵染温度为25℃~30℃,适宜的田间持水量为60%~80%,4月中旬至10月下旬为危害期,土质疏松的连作棉田受害较重。

3. 防治方法

(1)农业措施 ①棉花收获后及时连根拔除棉柴,集中烧毁病残体,消灭虫源。②轮作。与水稻、花生和大豆等作物轮作3年以上,可有效减轻根结线虫病的发生危害程度。③在田间操作或收获时,严防病根所带病土传播到其他无病田块,造成人为的扩散传播,切断传播根结线虫病的一切途径。

(2)药剂防治 在棉花播种前,按播种行距开挖15厘米的深沟,把80%的溴氧甲烷或80%的二溴氯丙烷按每667平方米5千克药加水50升配好后,用去掉喷头的喷雾器把药液灌入沟内,盖严后播种。也可采用以呋喃丹为原料的种衣剂处理脱了短绒的棉种,是防治棉花根结线虫病最有效的办法。

五、全株性危害害虫

(一)蜗　牛

蜗牛(图 36)是长江流域棉区和黄河流域棉区棉花苗期的重要有害生物,是一种雌雄同体、异体受精的软体动物。能危害棉花、麦子、豆类和蔬菜等多种作物。

1. 危害特征　在棉田主要危害棉苗嫩芽、叶片和嫩茎,受害轻的叶片被咬成缺刻和孔洞(图 37),受害重的叶片被吃光,茎被咬断,造成缺苗断垄现象。幼铃受害后,外皮变黑,吐絮受到影响,容易出现僵瓣,产量和品质下降。

2. 发生规律　蜗牛 1 年发生 1～1.5 代,大小蜗牛都能在绿肥作物和蔬菜的根部或松土及石块下越冬,每年的 11 月份进入越冬状态,翌年的 3～4 月份开始活动,4 月底至 5 月中旬转移到棉田危害,直到 6 月底。在潮湿多雨的年份或土壤潮湿的棉田发生危害较重。近几年,在冀南棉区发生较重,据河北省馆陶县植保站调查,8 月份玉米田平均单株有蜗牛 11 头,最高达 39 头。棉花田平均单株有蜗牛 27 头,最高达 54 头。严重地块受害株率达 100%,受害叶片达 85%以上。严重影响棉花的产量和品质。

3. 形态特征　蜗牛的贝壳颜色为黄褐色,成年蜗牛的贝壳直径为 20～23 毫米,体长 35 毫米,顺时针旋转 5 圈半。

4. 防治方法

(1)*农业措施*　及时清除田间地头杂草,减少其越夏和越冬场所,控制其繁殖危害。棉花收获后及时进行深耕和冬灌,减少翌年的虫源基数。4～5 月份蜗牛产卵高峰期中耕翻土,使部分卵暴露在土表爆裂,也可杀死部分成、幼虫。高湿和低洼的田块要及时清淤排渍,降低棉田湿度,抑制蜗牛繁殖。

(2)人工捕杀　5月上旬在严重发生地块放置瓦块、菜叶、杂草和树枝把诱集蜗牛,在清晨、傍晚和阴雨天进行人工捕捉,也可放鸭子啄食。

(3)药剂防治　①每667平方米用10%吡虫啉可湿性粉剂1.5千克拌种,药效可达1个月左右。②在5月上中旬幼贝盛发期和6～8月份多雨的年份,当每平方米有蜗牛3～5头或棉苗受害率达到5%左右时,撒毒土或毒饵防治。用90%晶体敌百虫500克拌炒香的棉籽饼粉10千克,在傍晚撒施在棉田,每667平方米撒毒饵5千克。③用90%晶体敌百虫1 000～1 500倍液喷雾防治,或用6%四聚乙醛(密达)颗粒剂或6%甲萘·四聚(除蜗灵)毒饵距棉株30～40厘米顺垄撒施诱杀。

(二)棉大灰象甲

1. 危害特征　成虫昼伏夜出,白天藏在棉苗附近的土中,不吃不动,夜间爬到棉苗上咬食顶尖、嫩叶和嫩茎。叶片受害后成缺刻状,甚至被吃光。顶尖、嫩茎受害后,棉苗成秃顶。棉苗从出土时开始受害,子叶期受害最重,常造成缺苗断垄现象。

2. 形态特征　俗名灰老道,属鞘翅目,象甲科。成虫体长9.5～12毫米,体色灰黄或灰褐色,鞘翅卵圆形,底色灰黄,中间有一白色横带,每一鞘翅有10条刻点纵沟,中间有褐色云斑,后翅退化。卵长椭圆形,初为乳白色,后变成黑色,成块产在棉叶内,每头雌成虫能产卵700粒左右。幼虫孵化后落地,取食土壤中的腐殖质或植物根系。幼虫无胸足,乳白色。蛹为乳白色裸蛹,幼虫和蛹都生活在土中。

3. 发生规律　棉大灰象甲喜温暖、干燥、昏暗的环境条件,怕冷、怕热、怕光。以成虫或幼虫在土中越冬。成虫越冬深度为60～80厘米,幼虫为40厘米左右,当春天气温达到10℃以上时成虫开始活动,20℃时活动最盛。当气温超过25℃时活动减少,主要以成虫危害。

成虫不会飞翔，但爬行能力很强，有转移危害的习性。成虫对杨树枝有趋性。棉大灰象甲除危害棉花外，还危害西瓜、辣椒和豆类作物。据在河北省邯郸棉区发生较重的棉田调查，在棉田附近的辣椒苗和菜豆苗上，百株虫量分别比棉花苗上的虫量高 3.1 倍和 3.3 倍，棉田附近杂草丛生的荒埂、地头的播娘蒿、独行菜上，虫口密度比棉苗上的高 20 多倍。因此，在棉大灰象甲发生较重的棉田种植少量辣椒、菜豆等诱集作物，诱集捕杀成虫，或在成虫发生期的傍晚，在棉田堆放杨树枝、播娘蒿或独行菜等诱捕成虫，连续捕杀 2～3 天，能收到很好的防治效果。

4. 防治方法

(1)农业措施　在田间种植少量诱集作物诱杀。在成虫发生盛期，用杨树枝把或播娘蒿、独行菜等杂草堆诱捕。于傍晚每 667 平方米均匀放 150 把杨树枝把于棉苗的行间，或均匀堆放 15 堆播娘蒿、独行菜等杂草，第二天早晨抖捕成虫于水桶中扼杀。

(2)药剂防治　结合防治其他害虫，用 2.5％的溴氰菊酯(敌杀死)乳油 1 000～1 500 倍液喷雾防治。

第三章 棉花的主要病害及防治

棉花病害的种类很多,引起病害发生的原因也很多,包括生物因素和非生物因素在内,统称为病原。根据病原的种类,把病害分为非侵染性病害(由非生物病原引起的病害)和侵染性病害(由生物病原引起的病害)两大类。侵染性病害是作物在一定的环境条件下受到病原物的侵袭而引起的。在作物之间和田块之间可以相互传染,所以又叫传染性病害。同时在发病的植株上还可以找到致病的病原物。如果病原物属于菌类,则叫病原菌。引起侵染性病害的病原物有真菌、细菌、病毒、线虫和寄生性种子植物等。在病害诊断中,首先要正确识别和区分这两类病原性质完全不同的病害。才能对症下药,采用正确的防治措施,达到满意的防治效果。

一、棉花苗期病害

(一)病害种类

棉花苗期病害是影响棉花苗齐苗壮的主要障碍,为害棉苗根部的病害主要有立枯病、炭疽病、红腐病和猝倒病;为害叶片的主要有角斑病、茎枯病和叶斑病。但对棉苗生长发育影响较重的是立枯病和炭疽病。棉苗病害常在棉苗没有出土之前就开始发病,引起烂种、烂芽和烂根。轻的影响棉苗生长发育,重的引起大量死苗,造成严重的缺苗断垄,甚至毁种。

1. 立枯病 立枯病(图38)是我国棉花苗期的主要病害之一,以山东西北部、河北南部以及江苏、四川、湖北等地发生较重。其危害程度主要与当年的地温和土壤湿度关系密切,当棉花播种后遇阴冷多雨天气,往往发病严重,造成大量死苗现象。出土棉苗感病后,最初在靠近地面的茎基部出现淡褐色水渍状病斑,以后病斑扩大环绕幼茎变为黑褐色,病斑失水凹陷成蜂腰状,严重时病苗枯死倒伏。立枯病主要危害幼苗接近地面的嫩茎基部,当田间湿度较高时,在子叶上生出不规则形的棕褐色病斑,后期破裂穿孔,周边有褐色残边。

棉苗立枯病属真菌性病害,病原菌为半知菌类,丝核菌属,病菌能在土壤中过腐生生活,并进行繁殖,一般能在土壤中存活 2～3 年。当遇到适宜的寄主时,便侵入危害。棉苗感病后,若拔出病苗观察,发病部位往往有蛛网状细丝,即病菌的菌丝体,其中连接着许多微小的土粒。最适合立枯病菌生长发育的温度是 17℃～28℃,病菌的耐酸碱性强,在 pH2.4～9.2 范围内都能生长,因此分布很广。立枯病菌除危害棉花外,还能危害萝卜、茄子、甜菜、马铃薯和豆类等其他作物。

2. 炭疽病 棉苗炭疽病(图 39)是棉花苗期的主要病害之一,主要危害幼茎和子叶。棉苗感染炭疽病菌后,幼苗接近地面处,初期生出红色纵条裂痕(图 40)。发病部位硬化凹陷后 形成红褐色梭形病斑(图 41),为病菌的分生孢子团,后期病斑变黑腐烂,棉苗枯萎死亡。一般情况下,死苗现象轻于立枯病,有时子叶边缘出现半圆形褐色病斑,病斑边缘颜色略深,成紫红色,后期病斑枯死破裂,是子叶边缘破碎不全,病斑扩大时导致落叶。气候条件适合时,成株期茎、叶和棉铃也可受害。成株期叶片的感病部位呈棕色斑点,茎秆感病部位初期为红色纵斑,后颜色变黑,有时出现粉红色病菌孢子。棉铃发病时,往往在铃尖上产生许多凹陷形紫红色斑点,逐渐扩大合并为不规则形斑点,天气潮湿时,病斑中央产生红褐色黏液,中间有病菌孢子。发病棉铃内部棉絮变色,黏结溃烂,往往不能开裂吐絮。

炭疽病(图42)也是一种真菌性病害。病菌的无性世代属半知菌类,黑盘孢目,毛盘孢属。分生孢子为一端稍长的椭圆形无色单孢,多数聚集时成肉红色。炭疽病菌分生孢子发育的最适温度比立枯病菌稍高,为25℃～30℃。11℃以下,37℃以上均不能发育,致死温度为51℃,在51℃条件下持续10分钟病菌就会死亡。但对潜伏在棉子内部的菌丝体,就是放在55℃～60℃的温水中浸泡30分钟,也不会全部死亡。病菌的成活力因潜居的场所不同而有差异。在土壤中经5个月即可死亡,在土表能存活1年,在种子表面能存活9个月,在种子内部则可存活12～18个月。炭疽病菌以分生孢子附着在棉籽的短绒上越冬,少数以菌丝体潜伏在棉籽种皮或子叶缝中越冬,一般棉籽的带菌率在30%～80%。一部分病菌随病残体的茎叶或烂铃在土壤中越冬。因此,炭疽病的初侵染菌源来自于种子或土壤中的越冬菌源。病苗的病斑上形成的大量的分生孢子,可借助风、雨和昆虫的传播,进行再侵染。

3. 棉苗红腐病 棉苗红腐病的病菌主要侵害棉苗根部,在主根或侧根尖端处形成黄色或褐色的伤痕,引起幼根和嫩茎变粗,产生棕褐色条状病斑,或整根变褐腐烂。病重时,蔓延到幼茎。子叶发病,多在边缘部分发生易破碎的黄褐色圆形或不规则形病斑,潮湿时病斑表面常出现粉红色霉层,即病菌的分生孢子。真叶感病后和子叶相似,而幼嫩的顶部真叶受害后往往成黑褐色腐烂。病重时,叶缘枯干,以致死亡。

棉红腐病菌属半知菌类,从梗孢目,镰刀菌属。大分生孢子成镰刀状弯曲。棉红腐病是腐生性很强的兼性寄生菌,能在土壤里过腐生生活。下雨的时候随雨水的冲溅,传播到棉株下部的棉铃上,从虫害伤口或其他病斑处侵染,棉铃发病后,产生大量分生孢子,特别是郁闭潮湿的棉田,连续再侵染,使病害迅速发展。病铃所产生的种子外部短绒上粘有菌丝或孢子,而且病菌能够侵入幼根和子叶,引起苗病,发生危害。

红腐病菌在3℃～37℃的温度条件下都能生长存活，侵染发病的最适宜温度是25℃～26℃。种子带菌和土壤中的病菌，都能侵染种子和幼芽。一般情况下，感染红腐病的棉苗死亡率低，但在低温多雨的条件下，棉苗发育不好，根部腐烂迅速时，死苗率很高。

4. 棉苗褐斑病 棉苗褐斑病也是真菌性病害，病原菌属半知菌类，丛梗孢目，铰链菌属。主要发生在1～2片真叶期，子叶感病初期生褐色小圆斑(图43)，以后逐渐扩大呈圆形或不规则型褐色病斑，潮湿时病斑表面生黑绿色霉层，严重时一片子叶上能出现几十个病斑，使子叶枯焦脱落。真叶发病后与子叶相似，但病斑周围有紫红色晕圈，幼苗顶部或叶柄受害后，产生椭圆形褐色凹陷病斑，叶片凋落苗枯死。

病原菌在种子上或随病残体在土壤内越冬，翌年再由风雨传播侵染。褐斑病菌寄生能力弱，常在大风寒流过后，因子叶受冻害或叶片相互碰撞产生伤痕，在棉苗受伤衰弱时侵入危害。该病一般在低温多雨年份发生较重。

5. 棉花茎枯病 棉花茎枯病为真菌性病害。病原菌为半知菌类，球壳孢目，壳二孢属。病斑上的小黑点就是具有孔口的深褐色球形分生孢子器，内有许多的分生孢子。

棉花茎枯病是在棉花苗期和蕾铃期都能发生的病害，但以苗期为主，多在棉苗后期危害叶片和叶鞘。子叶上的病斑初期为紫红色小点，后扩大为边缘紫红，中间灰白的褐色病斑。真叶上的病斑有时出现同心轮纹，上生黑色小点，为分生孢子器。后期发病组织常破碎脱落，遇阴雨天气时，常在叶尖或叶边出现带灰色水渍状急性型病斑，迅速蔓延。严重时像开水烫过一样，很快萎蔫变黑(图44)，使棉株脱落成光杆枯死。叶柄和茎部发病，多在叶柄的中下部或叶柄基部的茎上出现中央凹陷的暗褐色梭形病斑，上生小黑点，造成叶片枯死脱落，直至全株死亡。

病菌以分生孢子器或菌丝体在棉籽内外或随病残体在土壤中

越冬,当棉苗出土后侵染子叶和幼茎。病菌的发育适温为21℃～25℃,病菌在气温20℃～25℃时的阴雨天气条件下产生分生孢子器,如遇阴雨天气,分生孢子器内释放出的分生孢子能借助风、雨引起再侵染。

6. 棉花角斑病 棉花角斑病是一种细菌性病害,病原菌是黄单胞杆菌属的细菌。病菌的存活能力很强,在干燥的病原体上能存活好几年,并能在病残组织内过腐生生活。当病残体组织分解后,病菌也随着死亡。角斑病菌以种子带菌为主,带菌率高达65%,种皮和子叶带菌率各占17%左右,土里的病残体也能带菌,但角斑病的菌源主要来自带菌棉种。

棉花播种到收获各个发育阶段都能发病危害。带菌的种子有时不等棉苗出土就能使棉籽生病腐烂。幼苗发病初期,子叶上出现油渍、水浸状小点(图45),扩大后变成深褐色病斑,严重时子叶脱落。真叶感病初期,多在叶背面出现水渍状斑点,病斑扩大后因受叶脉限制变成角形病斑,颜色转为深褐色,有时病斑沿主脉发展成黑褐色条斑。有时病斑能经过子叶叶柄传入到棉苗幼茎,幼苗嫩茎受害后也出现水渍状斑点,以后扩大变黑腐烂,严重时延及顶芽腐烂,引起全株死亡。

病菌的侵染途径主要是气孔。当种子萌发时,病菌首先侵入子叶,形成发病中心。以后在发病部位产生大量的溢脓菌液,借助风、雨、昆虫传播到上部叶片或邻近的棉株上形成再侵染。较高的湿度是病菌侵入棉株所必需的条件。适合发病的相对湿度为60%～85%,在此条件下,高温是促进病菌迅速繁殖,侵染发病的主要因素。所以在雨量多,相对湿度大或棉苗受暴风雨侵袭后伤口多时,常容易引起棉花角斑病的发生流行。

(二)棉花苗病的发生规律

1. 气候 棉花苗病的发生,主要与棉花苗期气候条件有密切的关系。早春低温多雨，往往削弱植株的抗病力，为病菌的入侵创造有利的条件，所以春季多阴雨天气是引起棉花苗期病害流行的重要因素。一般情况下，棉花播种后，遇到多雨、降温天气，土壤阴湿，容易引起烂籽和根病。棉苗1～2片真叶期，遇到低温并伴有大风阴雨天气时，容易发生黑斑病、褐斑病，此时幼茎已近老化，根病发展比较缓慢。5～6月份如果遇多雨、高湿天气，而且棉蚜发生为害较重时，则容易引起茎枯病的发生流行。棉花苗期遭遇低温、阴雨天气持续时间越长，苗病的发生为害就越严重。相反，如果棉花播种后，天气一直晴暖，或者降温时间很短，降雨后天气回暖很快，有利于田间低温的迅速回升，有利于棉苗的生长发育，而不利于病菌的侵入发展，苗病的发生为害就会受到抑制，苗病的发生为害就轻。

2. 栽培管理　苗病的发生与耕作栽培条件和田间管理水平也有着不可分割的密切关系。如地势低洼、排水不良、土壤潮湿板结的地块，以及种子的质量低劣、带菌率高，或者整地质量差、播种过深等原因造成的幼苗出土困难，生长发育缓慢，致使棉苗抗病能力降低时，均有利于病菌的侵入和繁殖，因而棉苗容易发病，受害较重。如播种过早的棉田，因气温较低，出苗慢，有利于病菌的侵染，也常引起苗病的严重发生，造成大量死苗和缺苗断垄现象。

（三）棉花苗病的防治方法

棉花苗病的防治应采取以农业措施为主，化学保护为辅的综合防治措施，以提高棉苗的抗病能力，促使棉花壮苗早发。

1. 农业措施　①提前浇水，造墒播种，适时晚播。实践证明，在连续5天20厘米土壤层平均温度达到12℃～14℃时播种较好。②选好种。在棉花采收时选留籽粒饱满无菌的中喷腰花留种，并单收、单晒、单轧、单藏。这样选留的种子成熟度好，带菌率低，质量好，发芽率高。③加强苗期管理。及时查苗补苗，雨后及时中耕晾墒,提高地温。实验证明,雨后及时中耕,能使5厘米地温提高2℃～3℃,棉苗的发病率减轻20%以上。

2. 种子处理 因种子内外和土壤里都能带菌传病,所以播种前对种子进行温汤浸种和药剂拌种相结合的方法,进行种子处理。温汤浸种的方法:用种子量2～3倍的热水,水温在65℃～70℃时(3分开水加1分凉水即可)下种搅拌,使种子均匀受热,然后把水温调到55℃～60℃保持30分钟,把棉籽捞出晾晒到绒毛发白时,再用药剂拌种。

①用多菌灵25%可湿性粉剂500克/100千克种子进行拌种。②用甲基立枯磷20%乳油200～300克/100千克种子进行拌种。③棉苗立枯病较重的地块,可用甲枯.多菌灵12%种衣剂1∶20～30药种比进行种子包衣。④用种子重量0.8%～1%的甲基硫菌灵70%可湿性粉剂或种子量0.3%～0.4%的五氯硝基苯40%粉剂拌种,都能提高防病保苗效果。

二、棉花蕾铃期病害

(一)病害种类

1. 棉花枯、黄萎病 棉花枯萎病(图46)和黄萎病(图47)都是危害棉花茎秆,造成棉花全株发病的重要病害。两种病原菌都是侵染危害茎秆内的维管束组织,影响养分和水分向上输送,导致植株枯死。棉株一旦感染枯萎病和黄萎病,就会常年受害,发病轻的造成减产,发病重的导致绝收,而且十分难治,有棉花的"癌症"之称。

棉花枯萎病和黄萎病的共同特点是:

①两种病原菌的生活习性相似,都是土壤习居菌,都能在土壤中过腐生生活,病菌的营养体和繁殖体都有多种形态,即菌丝、分

生孢子、厚垣孢子和拟菌核，在没有寄主的情况下能在土壤中存活8～10年。

②病菌的传播途径相同。两种病的初侵染来源都是由种子带菌作远距离传播，通过病残体和土壤带菌作近距离传播。

③侵染途径相同。都是直接从根部或根毛侵入寄主，或由根部表皮的伤口侵入，然后以菌丝在维管束内从下向上繁殖、扩展与蔓延，进行系统侵染，使微管束堵塞，变色，阻碍水分和养分的运输，造成叶片萎蔫，植株枯死。

两种病的不同之处为：

①病原菌不同。枯萎病菌是真菌中半知菌类，丛梗孢目，镰刀菌属。黄萎病菌是半知菌类，丛梗孢目，轮枝菌属。

②发病时间不同。枯萎病发病较早，黄萎病发病较晚。

③病株的维管束颜色深浅不同。枯萎病的维管束颜色较深，呈黑褐色。黄萎病的维管束颜色较浅，呈黄褐色。

④枯萎病常造成死苗现象，而黄萎病株一般情况下不会死亡。

棉花枯萎病(图48)也叫金边黄、半边黄或萎蔫病。发病时间较早，一般土温在20℃左右时开始发病，当土温上升到25℃～28℃时，形成发病高峰。当土温升到33℃时，病菌停止发育，田间出现隐症期。

枯萎病常在苗期至现蕾期前后引起大量死苗，残存的病株结铃显著减少，铃重减轻。当9月份秋季雨水多气温下降时，病菌继续生长发育，出现第二次发病高峰，对产量损失严重，一般发病田减产5%～15%，多的减产20%～35%，重病田可达50%以上。病菌从棉花根部的表皮或伤口处侵入维管束内生长发育，破坏维管束组织，使根部吸收的水分不能向上输送，造成叶片失水萎蔫脱落，植株枯死，剖开病株的茎秆有黑褐色条纹。

棉花枯萎病的病叶有黄色网纹型、青枯型、紫红型、黄化型、皱索型和半边黄等多种症状类型。但主要表现为黄色网纹型。受害棉株有时半边的枝叶已经枯黄,而另半边枝叶仍能正常生长,所以常把这种病叫做"半边黄"。青枯型病株多出现在多雨年份,幼苗子叶或真叶萎蔫下垂,开始象开水烫过一样,然后变成青枯色。皱缩型多出现在5～9片真叶期到现蕾期,病株节间缩短,株型矮小,叶片增厚凹凸不平,颜色变深绿,有点像棉蚜危害后的皱缩叶片,轻病株有少量的小叶片和生长尖存活,重病株大量落叶枯死,也有的病株半边存活,半边枯死,秋季多雨时再次出现萎蔫死亡高峰。

棉花黄萎病比枯萎病发生较晚,一般苗期不发病,现蕾以后才表现症状,开花结铃期为发生高峰,但很少造成死苗现象。病株蕾铃脱落率高,结铃少,纤维质量差,对产量和品质影响很大。发病植株先在中下部叶片出现症状,逐渐向上发展,发病初期叶片变厚发硬无光泽,在叶边和叶脉间出现不规则的淡黄色病斑,后出现明显的掌状黄斑,叶片边缘向上卷曲(图49),严重时除叶脉仍为绿色外,其他部分变成褐色枯干,最后全叶枯死。但病叶一般不脱落。剖开病株茎秆,有比枯萎病颜色较浅的黄褐色条纹(图50)。

防治方法:

(1)*农业措施* 选用抗病、耐病品种,提高棉株自身的抗病性。增施底肥,每667平方米增施生物钾500克或氯化钾、硫酸钾10千克。根外施肥,用0.3%的磷酸二氢钾或1～2%的尿素溶液喷雾。加强田间管理,改善棉田生态条件,控制病害发生。生产实践证明,棉花黄萎病的发生程度与栽培管理方法具有密切的关系。

(2)*种子处理* 选用包衣种子,或自行给种子包衣。用70%DTM(琥－乙磷铝)300倍液浸种24小时。36%甲基硫菌灵悬浮剂170倍药液常温下浸种14小时,晾干后播种。可防治棉花枯萎病。用枯草芽孢杆菌10亿活芽孢/克可湿性粉剂1∶10～15拌种,可防治棉花黄萎病。

(3)*药剂防治* ①药液灌根,用氯化苦99.5%液剂125毫升/米^{2}灌根,进行土壤消毒可防治棉花枯、黄萎病。②叶面喷药,抓好发病后的补救措施。在适宜的气候条件下造成大面积发病时，应立即采取补救防治措施。

可选用乙蒜素30%乳油292.5～393.6克/公顷喷雾。7%DTM(琥－乙磷铝)300倍液喷雾。唑酮·乙蒜素32%乳油199.5～300克/公顷喷雾。用菌毒清5%水剂112.5～187.5克/公顷(200～300倍液)喷雾均可防治棉花枯萎病，每次间隔7～10天，连喷2～3次，对病情能起到较好的控制作用。也可用核苷酸0.05%水剂1 800～2 250毫升制剂/公顷喷雾防治棉花黄萎病，或氨基寡糖素0.5%水剂400倍液喷雾防治棉花黄萎病。

(4)*棉花枯萎病黄萎病综合防治法*　播种期抓好棉花播种期的主动防治。在棉花播种之前，如果能有效地把种子所带的病菌和根围土壤中的病菌控制住，把枯萎病和黄萎病控制在发生之前，就掌握了防治的主动权。所以做好棉花播种期的浸拌种工作，消灭种子上的菌源，是主动防治的关键措施之一，也是防治棉花枯萎病和黄萎病的关键时期。

现蕾期抓好棉花现蕾期的营养保健预防措施，棉花现蕾期是棉花枯萎病和黄萎病发生发展的关键时期，要是在麦收前后，棉花出现病状之前，结合防治棉蚜、红蜘蛛，喷施有机肥或黄腐酸盐、绿风95、加姆、枯黄绝杀等营养剂。能有效增强棉株体内的营养和生理代谢功能，就能大大提高棉株本身的抗病性和抵抗力，从而减轻病害的发生程度。

在棉花生长期间，适时整枝打杈，可明显减轻棉花黄萎病的发生程度。早打顶或重打顶，留枝叶。清洁田园，把整枝打杈打下的枝叶或田间的枯枝落叶带出田外，集中烧毁。棉株进入花铃期时，天气也将进入雨季，为防止棉株疯长、旺长，要及时喷施缩结胺1克/667米^{2}或矮壮素0.5克/667米^2，进行化控。缩结胺1克/667米^{2}或矮壮素0.5克/亩的用量要根据棉株的长势由少到多分3次施入。注意雨后及时排水。棉田地势低洼积水，土壤湿度大，透气性差,是加重发病的重要因素。在棉田周围建好排水设施,做到雨后及时排水,缩短田间积水时间,及时中耕锄划、晾墒,增强土壤的透气性,降低土壤湿度,也能有效地减轻病害的发生程度。

2. 棉铃疫病 棉铃疫病(图51)是一种真菌性病害,病原菌属藻状菌纲,霜霉菌目,疫霉菌属。

棉铃发病多从青铃的基部、铃缝和铃尖等部位开始,病菌侵入后先出现水渍状小点,后扩大到整个铃面,使棉铃变成黄褐色或青褐色,最后变成黑色油光状,并能深入铃壳内,使纤维变成青色。有的病铃表面局部出现白色或黄白色霉层,病龄逐渐腐烂或成僵瓣。发病早的对产量影响较大,发病晚的只是铃壳和铃隔变成褐色,对产量影响较小。

棉铃疫病菌能在土壤中长期存活,棉花结铃期,病菌的卵孢子、游动孢子随雨水溅落在棉铃上侵染,秋季病菌随烂铃和病残体落入土中以厚垣孢子或卵孢子越冬,成为翌年的初侵染来源。当8～9月份降水多、湿度大时发病重,危害大。

3. 棉铃红腐病 棉铃红腐病(图52)也是真菌性病害,病原菌属半知菌类,丛梗孢目,镰刀菌属。红腐病菌是一种弱寄生菌,不能直接侵害棉铃,只能借助于伤口侵入发病。在自然条件下,除伤口或虫口引起发病外,棉铃炭疽病、角斑病、疫病等病斑都能诱发棉铃红腐病的发生。

发病初期病斑成黑绿色,水渍状,没有固定形状的病斑。这些病斑多发生在铃尖和裂缝处,扩展后在病斑表面出现淡红色霉层,导致棉铃不能正常开裂,棉花纤维腐烂或成僵瓣。种子常被侵害降低发芽率。病菌主要潜伏在种子内部或粘附在种子表面的绒毛上,或在其他 病残体上越冬。在高温低湿条件下侵染发病,在病铃上产生大量分生孢子借助风雨传播,进行再侵染。

4. 棉铃红粉病 棉铃红粉病(图53)的病原菌属半知菌类,丛梗孢目,复端孢属。病铃症状与红腐病相似,但病铃表面的霉层比红腐病的厚而紧密，并布满整个铃壳，棉瓤上也布满淡红色粉状物。天气潮湿时菌丝长成白色绒毛状，病铃不能正常吐絮，纤维变褐成僵瓣。棉铃红粉病菌主要在病残体或土壤内过腐生生活，一般只侵害棉铃，在冷凉潮湿的环境中容易发病，所以往往在棉花生长后期，气温较低的多雨年份发生较重。

5. 棉铃黑果病　棉铃黑果病(图 54)也是真菌性病害，病原菌属半知菌类，球壳孢目，有色双孢属。棉铃黑果病开始发病时，全铃变软，铃壳变成黑褐色，铃面出现白色凸起的小尖，病情发展后小尖变成黑色。发生严重时，整个铃面僵硬，布满绒毛状灰黑色霉层，棉絮成灰黑色僵瓣，病铃僵缩在果枝上不脱落，也不能开裂吐絮。

棉铃黑果病菌为弱寄生菌，不能直接侵害健康的棉铃，只能从已遭受病虫危害的伤口或病斑上侵入危害。多在阴雨天气，湿度大的情况下，容易造成危害。

6. 棉铃灰霉病　棉铃灰霉病(图 55)为真菌性病害，病原菌属半知菌类，丛梗孢目，灰霉菌属。棉铃灰霉病多发生在已受疫病或炭疽病侵染危害的病铃上，在病铃的表面长出灰色绒毛状霉层，造成棉铃干腐。灰霉病菌在土壤中的病残体上越冬，一般在湿度大，气温比较凉爽的 8～9 月份发生。

7. 棉铃软腐病　棉铃软腐病也是一种由弱寄生真菌造成的棉铃病害。病原菌为藻状菌纲，毛霉目，根霉属的黑根霉菌。发病的棉铃，铃尖或全铃变成紫红色，表面生白色菌丝，菌丝的顶端生黑色小颗粒。小颗粒成熟后破裂，散发出孢子覆盖在菌丝上，形成黑色霉层。剥开病铃，里边湿腐变软，发展很快，最后整个棉铃湿腐霉烂或干缩。

棉铃软腐病多在棉花生长后期，病虫害发生较重，伤口较多时发生严重，造成大量烂铃。

(二)棉花铃病的发生规律

棉花铃病的发生轻重和气候条件、栽培条件及其他病虫害的发生程度关系密切。棉花在结铃吐絮期,天气高温多雨,田间密闭不透风,或其他病虫害发生较重,造成大量的伤口时,有利于病菌的侵入。到吐絮前10～15天,铃壳逐渐衰老,伤口不易愈合,遇到多雨郁闭的环境条件,铃壳不易脱水开裂,有利于病菌的侵染发病。

(三)棉花铃病的综合防治措施

1. 农业措施

(1)选用抗病、耐病品种

(2)推株并垄　雨季及时开沟排水,改善田间通风透光条件,降低田间湿度。其具体做法是:8月中下旬至9月上旬把棉行向两侧推成"八"字形,先推窄行后推宽行,每5～7天轮推一次,达到轮晒棉株,降低湿度,控制烂铃的目的。试验证明,轮流推株并垄3～4次棉田的烂铃率,比不推株并垄棉田的烂铃率降低56%,比推株并垄1次棉田的烂铃率降低35%。

(3)及时清除田间枯枝烂叶,减少病菌来源。

(4)科学管理,合理施肥　棉田控制氮肥,增施磷钾肥,既能防止棉株生长过旺,又能提高棉株的抗病能力,防早衰。据生产实践和科学研究结果表明,棉田施用氮肥过多,后期生长过旺,叶色浓绿,通风不畅时,得病烂铃就多,危害也就较重。所以采用宽、窄行合理密植,实时整枝打杈,摘老叶,合理施用氮肥,在追施氮肥时最好添加一些黄腐酸盐的复合肥,避免过多、过晚施用氮肥,控制棉花贪青徒长,也是预防铃病发生的有效措施之一。

2. 药剂防治

(1)治虫防病　调查研究结果表明,棉花烂铃中的60%以上是由病虫危害后引起的。加强棉花苗期和铃期的虫害防治工作，减少虫口伤害，减少病菌的侵染途径。

(2)铃病发生始期及时喷药防治　一般8月上中旬开始喷药，一般选用50％多菌灵可湿性粉剂500倍液、75％百菌清可湿性粉剂500倍液、70％甲基硫菌灵或70％代森锰锌等可湿性粉剂400～500倍液喷雾防治。每隔4～5天喷1次，连喷3～4次。

第四章　棉花生理病害

氮、磷、钾是植物生长中不可缺少的三大要素,钙、镁、硫、铁、铜、硼、锌、锰、钼、氯也是棉花生长中不可缺少的微量元素。作物生长中所需要的微量元素虽少,但绝对不可缺少。当这些元素缺乏、供应不足时,就会影响棉株的正常生长发育,导致棉株出现植株矮小,叶片失绿与变黄等现象。在一定程度上还制约着作物的产量和品质的提高。

然而在某些地区的土壤中,因某种微量元素的含量过多,会出现作物中毒的现象。同样会影响作物的产量和品质。这些大量和微量元素缺乏症和中毒症,实际上是由于营养不良引起的生理性病害。现将由氮、磷、钾、钙、镁、硼等元素的缺乏所引起的症状表现分别介绍如下,以便对症下药,进行防治。

一、缺素症

(一)症状表现

1. 缺氮症　氮素是棉花生长中不可缺少的主要营养成分,棉株体内的蛋白质、叶绿素、维生素和氨基酸的组成,哪一样也少不了氮素,所以需要的量很大。当田间土壤中的氮素营养供应不足时,棉株矮、瘦、弱小、铃重低、铃小、绒短,过早出现早衰,棉株下部的老叶变黄失绿。当氮素严重不足时,棉株上部的嫩叶也会由黄变红,最后呈棕色枯干(图56,图57)。

2. 缺磷症　磷素也是棉花生长需要的大量元素。磷肥足时,棉株高,真叶多,叶面积大,主根、侧根长,铃重,绒长,衣分高,品质好。磷肥供应不足时，棉株生长缓慢，茎秆细脆，植株矮小，叶片小，叶色暗绿（图58），落叶多，根系发育不好，种子不饱满，吐絮晚，产量低，品质差。

3. 缺钾症 棉花本身是喜钾作物，钾能促进棉株地上部茎、枝、叶、蕾、铃的生育和地下根系的生长，促进光合作用，延长叶功能期，提高秋桃结铃率，结铃性强，铃大，成熟度好，抗逆性强，产量品质好。田间缺钾时，棉叶常由黄变红，出现红黄相间的叶，叫棉花红叶茎枯病，容易和棉花黄萎病混淆。但棉花缺钾的症状是从下向上，从叶边向中央，从叶尖向叶柄逐渐发展的。长期缺钾时，全株发病，叶片皱缩（图59），发脆，呈红褐色，甚至干枯脱落。缺钾的棉株，根系不发达，侧根短小，颜色变褐早衰，造成棉铃小，不宜成熟，纤维品质下降，造成严重减产。

4. 缺钙症 棉花缺钙的症状主要表现在嫩叶、茎和根的生长点上。缺钙的棉株生长点受到抑制，成弯钩状（图60），叶片老化，提前脱落。严重时新叶的叶柄往下垂，棉株小，根系少，果枝和棉铃都相应减少。

5. 缺镁症 棉株缺镁（图61）时，叶绿素的合成受到影响，导致叶片失绿。初期叶尖和叶缘脉间颜色变浅，先有淡绿变黄，最后变紫色。棉桃和苞叶也变成浅绿色。

6. 棉花缺硼症 缺硼（图62）的棉苗子叶肥厚，叶色浓绿，严重时生长点停止生长，不长真叶。蕾期棉株缺硼，叶柄较长，并且在叶柄上有绿色环带，叶片萎蔫，叶色深绿，下部叶片萎蔫下垂，植株矮小，果枝短粗，现蕾少，不开花，很少结铃，而且幼铃的顶端较尖，成弯钩状。

7. 棉花红叶茎枯病 棉花红叶茎枯病又叫凋枯病（图63），是棉花生育后期的重要病害之一，是一种生理性病害。它的主要发病原因是在棉株生长旺盛时期，一般是在7月底至9月初，由于田间水肥供应不足，尤其是土壤缺钾引起的，缺钾越重发病越早。因为棉花本身是一种喜钾作物,而抗虫丰产的转基因抗虫棉品种,由于其结铃性强,所以对钾肥的需求比一般的常规棉品种更高,一旦供应不足,便会导致红叶茎枯病的发生。

棉花红叶茎枯病的发病初期,叶片出现红色或紫色斑点,然后逐渐扩展,除叶脉及其附近保持绿色外,其他部分全部变成紫红或红褐色,最后全叶变红,并且边缘向下卷曲。严重时,叶柄基部变软,失水干缩,叶片从上向下干枯脱落,甚至全株枯死。后期发病,茎秆和枯叶基部常发生褐色或黑褐色的条状不规则形病斑,同时在叶片上出现很多圆形或不规则型褐色病班,导致主根短,侧根稀少,根系不发达,影响棉株的生长发育,但病株的维管束不变色。

防治措施:增施有机肥和钾肥,尤其是生育后期,要注意增施钾肥。补施盖顶肥和叶面喷肥。对于行距较大的缺肥地块,应在8月15日前,随浇水每667平方米补施尿素5～7.5千克加硫酸钾或氯化钾5～7.5千克。对于已出现红叶茎枯病的地块,应立即喷施1%～2%的尿素水溶液加1%～2%硫酸钾水溶液,或用1%～2%的尿素水溶液+0.2%～0.3%的高质量磷酸二氢钾水溶液喷雾。用药液量每667平方米不低于40～45千克,每隔5～7天喷施一次,连喷3～4次,注意喷施叶片背面,以喷湿叶片而不滴水为宜。

(二)缺素症的预防及补救措施

1. 增施有机肥 增施有机肥对于保持和提高土壤有机质以及土壤有机质的更新,有着重要的作用。长年增施有机肥能增加土壤中易氧化有机质的比重,提高土壤的供肥性能。增施有机肥不仅能增强土壤中过氧化氢酶、磷酸酶、脲酶的活性,还能向土壤中积累有效磷和有效钾,提高土壤中磷、钾对作物的供应水平。

厩肥、猪圈肥、人粪尿和饼肥、秸秆肥都是主要的农家有机肥。这些肥料来源广,数量大,是棉田有机肥的主要来源。用饼肥、厩肥、猪圈肥、人粪尿和秸秆肥做基肥，各种营养元素含量较全，能有效减轻或避免因缺乏营养元素而引起的各种生理性病害。

2. 科学使用氮、磷、钾及微量元素肥料 如果棉田出现营养缺乏症，应对症施肥。如果棉花在苗期、蕾期出现植株矮小、蕾数较少，叶色转黄等缺氮症状时，及时追施尿素或叶面喷施 0.2%尿素营养液。当棉田出现磷肥供应不足，棉株生长缓慢，茎秆细脆，植株矮小，叶片小，叶色暗绿，落叶多，以及棉叶由黄变红，出现红黄相间的叶片等缺磷、缺钾症状时，则应及时进行叶面追肥，喷施 0.1%～0.2%磷酸二氢钾水溶液。若出现其他缺素症状时，也要及时喷施与其症状相应的叶面肥料。如现在农药门市有上市销售的农用钙、镁、锌、铜、铁、锰等微量元素的单元素胶囊，一粒胶囊可根据不同作物对不同微量元素的需求量配制 15～30 千克溶液，喷施面积 1～2 亩地。可有效缓解田间各种缺素状。

二、其他非侵染性病害

(一)水分不足或浇水过量引起的旱害和涝害

1. 旱害 在棉花的生长环境中，如果水分很低，低到不足以维持棉株正常活动的需要时，出现棉株萎蔫、发黄、甚至干枯死亡的干旱现象，叫旱害。

棉花常遇到的干旱，有土壤干旱和大气干旱两类。土壤干旱是土壤中缺乏可利用的水，不能弥补棉株蒸腾的损失，体内缺水而受害。如果土壤缺乏有效水分，根系吸水不足，根部吸收的水分赶不上棉株蒸腾的需要，植株的各个器官组织就会缺水，正常的生命活动不能进行，甚至根毛死亡。就会引起植物叶尖、叶缘或叶脉间组织的枯黄。在极干旱的情况下会引起棉株的萎蔫、枯死。大气干旱是空气过度干燥，或是大气干旱伴随高温。如常见的干热风天气,空气相对湿度在34%以下,气温在31℃以上。此时棉株蒸腾散失的水分太强烈,土壤中虽然有可利用的水,但棉株体内的水分还是蒸腾损失的多,吸收补充的少,体内水分的收支不平衡,发生缺水的旱害现象。如果大气干旱时间持续很长,还会引起土壤干旱,就会使棉株的旱象更加严重,就会使营养物质的吸收中断,停止生长,最后引起棉株的死亡。

2. 涝害 土壤积水或土壤过湿对作物的危害,叫做涝害。涝害也是影响棉花正常生长的重要灾害。土壤积水时,会导致棉株窒息,棉花的根系很快停止生长,叶片的叶肉黄化,严重时叶片从上向下开始萎蔫,然后枯黄脱落。根系会在积水的土壤中逐渐变黑,腐烂发臭,最后整个棉株枯死。如果土壤中水分过多,湿度过大,土壤空隙间的空气被排斥而造成植物根部的窒息状态,使根部变色、凋萎和腐烂。各器官组织变得软弱无力。

(二)低温冻害、寒害和高温日灼病

温度会影响作物各方面的生命活动。作物生长有它的最高、最低和最适宜的温度范围。温度的高、低超出作物生长所需要的范围,就会引起不同程度的损害。如生产中常见的低温冻害、寒害和高温日灼病等。如棉花播种后若遇到连续的低温多雨天气,就会引起烂籽、烂芽和烂苗。若生长期遇到强日晒高温天气,就会引起灼烧落花、落叶等现象。棉田常见的高温伤害,多见于地膜棉田出苗后到破膜放苗前这一时间段。如果棉苗出土后,棉农没有及时察看出苗情况,或因有事没有顾上及时破膜放苗,恰好又赶上强日照高温天气,棉苗就会被膜内的高温烫伤、烧伤。出现子叶发白,干枯甚至死苗等症状。

低温使作物受到不同程度的伤害,以至于引起死亡。按照低温的不同程度,作物受害的损伤情况和症状表现,分为冻害和寒害两大类别。

1. 冻害 也叫霜害，是温度下降到冰点以下，作物体内发生冰冻，水分结冰的现象，叫冻害。农业生产上最常遇到的冻害多是由倒春寒造成的霜冻引起的。所以也叫霜害。霜害的性质与冻害差不多，也属于冻害。霜冻的危害程度，主要决定于降温幅度的大小，持续时间的长短，以及霜冻的来临与解冻是否突然。一般降温的幅度越大，霜冻持续的时间越长，作物受害的程度也就越严重。当温度逐渐降低时，作物有个适应的过程，其危害程度就会减轻，甚至完全不受害。如果遇到突然的降温，作物来不及适应，则遭受的伤害就很严重。同样，解冻的过程也是如此，凡是温度逐渐上升，缓慢解冻时作物就不易受害，如果霜冻后温度突然上升，解冻的速度太快，就很容易发生因霜害造成的冻害。

2. 寒害 也叫冷害，是指零度以上的低温对喜温作物的危害。主要是指热带和亚热带植物，也有温带植物。棉花是喜温作物。由于不同的作物对低温的耐受能力不同，对低温的反映表现和受害程度也各不相同。如水稻、棉花、花生和扁豆等喜温作物，只要在 0.5℃～5℃的低温中停留 24～36 小时就会受害致死，玉米、西瓜、南瓜和高粱等作物就会受害，而大豆、番茄、大麻和荞麦等作物则不会受害。寒害最常见的症状表现是变色、坏死及表面斑点。受害使作物的一些组织内部与外部变色。已经长成了的绿色果实，受寒害后就不能继续发育成熟。凡是有表皮斑点、坏死及一般的组织衰弱，都很容易引起贮藏物质的分解，受到腐生微生物的感染，即使不感染，那些作物的贮藏器官的寿命也会大大减少。营养器官受害一般出现坏死，被腐生菌感染，停止生长，以致死亡。棉花种子受寒害后虽然能吸水膨胀，但是胚根的尖端不能生长，幼苗的根在生长过程中皮层被破坏，从而造成烂籽、烂苗等现象。禾本科作物受寒害后，除了叶片出现坏死斑点外，叶片中的叶绿休也会受到破坏，引起光合作用的效率降低。木本植物还会出现芽枯、顶枯从顶端向下发生枯萎、破皮流胶和落叶现象。

3. 高温热害与日灼病 超出作物生长发育需要的过度高温，同样会给作物的生长发育带来伤害。在高热的气候条件下，除了能造成土壤水分减少而带来的干旱。以及增加作物水分蒸腾作用的加剧，导致严重干旱伤害之外。还会给作物带来直接的高温伤害。高温的直接伤害，是在短时间内接触高温引起的，在受高温后很快出现。当植株的叶片受到高温伤害时，其光合作用会受到抑制，叶片上出现死斑。叶绿素受到破坏，叶片的颜色变褐、变黄，未老先衰，种性退化，配子异常而出现雄性不育，花序和子房脱落等。所以说，高温热害的间接影响是引起棉花的干旱缺水，从而影响棉花的正常生长发育；高温的直接伤害则会引起叶片灼烧形成死斑，花、蕊受伤后因影响正常的授粉，造成落叶、落花、落蕾等，影响产量。

(三)废水、废气造成的毒害

随着社会工业化和现代化的进步和发展，大气和水资源的污染也越来越严重。尤其是靠近大型工矿企业的农田，受害几率往往较高。

1. 废水 一般是指工矿企业排出的废水、废液以及城市居民的生活废水。一般情况下，生活废水直接灌溉农田的问题不大，而工矿企业排出的废水、废液中虽然含有丰富的氮、磷、钾，都是作物的养分，但同时也含有较多的有害物质，如炼油厂、炼焦厂的废水中含有大量的酚、苯、硫化物及油类；造纸厂、印染厂的废水中含有大量的碱，化工厂的废水中含有氯、酸类等，都是对作物有害的成分。直接灌溉农田会给作物造成毒害。影响作物正常的生长发育。

2. 废气 一般是指工厂烟囱中冒出的浓烟和气体，二氧化硫是我国当前主要的大气污染物。主要来自于煤与石 油的燃烧，含硫矿物的冶炼，硫酸制造以及从铜、铁、锌及铝等冶金企业漏出，在大气中达到一定的浓度后，毒性很大。另外，一些天然气体，煤、木材以及植物残骸在不完全燃烧时，最容易产生乙烯气体，汽车在运行时也会泄出不少乙烯气体。作为汽油防爆剂的燃料，在燃烧时还释放出不少的铅和硼，对作物的生长均有害。凡是有机物的不完全燃烧，都会产生乙烯。乙烯在低浓度时是植物的生长激素，如果浓度过高，就会抑制作物生长，毒害作物。如棉花就是对乙烯最敏感的作物。许多作物在有害气体1毫克/千克的浓度中作用一小时，就会中毒受害。由于不同的作物对不同有害物质的敏感程度不同，作物受到毒气危害后，出现的症状也会各种各样，常会出现的症状表现是叶片失绿、变色，叶肉细胞干死，出现坏死的现象，即使不发生明显的受害症状，也会造成5%～15%的产量损失。

第五章 棉花药害肥害

一、棉花药害的诊断

棉花发生药害后,重者导致叶片失绿,变色,畸形或焦枯,影响棉花的正常生长发育。轻者出现斑点、黄化、畸形、枯萎、停止生长、不孕、脱落、劣果等现象。严重的导致全田毁种,绝收。当棉田出现以上现象,要诊断是否药害时,注意以下几点。

1. 棉花出现异常表现是否在用药以后发生的,如果是,就要核实所用的农药品种,使药时间,用药量和使药方法是否正确合理。

2. 要调查相邻的棉田有没有出现相同的症状。回想一下最近有没有出现过异常天气状况。比如:低温、大风、降雨、冰雹等灾害性天气,以排除气象因素。

3. 要熟悉棉花病害、药害和营养缺乏的症状和发生规律,首先观看发病部位有没有黑霉、红霉、灰霉等病原微生物,以及是否缺肥水所致,以排除病害和缺素症。

二、药害发生的原因

药害发生的原因主要有以下几种:

1. 在棉花病虫害的化学防治和棉株的化控管理过程中,由于药剂的浓度使用过高。据笔者常年在田间调查了解,大部分棉农都有一种恨虫不死,惜水不惜药的心理。不怕用药多,成本高,就怕喷药之后虫不死。所以往往在喷药时,一带好几种药,而且不按照说明书上的要求剂量配药，大多都超出要求剂量的1～2倍。一般情况下，一种药剂稍微超量一点不会出现明显的药害症状，如果几种药剂一齐用，每一种药都超量一点，加在一起就会严重超量，就会出现明显的药害现象。

2. 在高温天气时施药。（在晴天的上午11时至下午3时这一时间段喷药，不仅棉花容易出现药害，而且喷药人员也容易出现中毒事故。所以一般情况下，尽量不要在这一时段喷药。）

3. 错误地使用了农药。（错把除草剂当成了杀虫剂或杀菌剂用）。

4. 使用了被化学除草剂污染了的喷雾器具。如麦收后，玉米田在播后苗前喷施除草剂后，没有及时把用过的喷雾器清洗干净，在棉田喷药使用之前也没有注意清洗喷雾器，或者是在忙乱之中把用于喷除草剂的喷雾器当成了用于喷施杀虫剂的喷雾器来使用了。

5. 因邻近玉米、蔬菜等其他作物田在喷施除草剂时，雾滴挥发或随风飘移到棉田。

以上几种原因，都会使棉花产生药害，导致叶片失绿，变色，畸形或焦枯，影响棉花的正常生长发育，严重的导致全田毁种，绝收。

三、药害症状表现

（一）杀虫剂引起的药害

容易引起棉花产生药害的杀虫剂主要有辛硫磷、敌敌畏、灭多威和一些含辛硫磷、敌敌畏的复配杀虫剂。由杀虫剂使用不当引起的药害，其症状表现一般为叶片似烫伤呈水渍状，或出现急性坏死性条纹、枯斑与焦枯等症状（图64，图65）。叶片枯死处成薄纸状。一般情况下找不到病原物。

(二)化学除草剂引起的药害

生产实践中,化学除草剂经常是引起棉花药害的主要原因之一(图66,图67)。常见的对棉花容易引起药害的化学除草剂主要是2.4—滴丁酯和其他对双子叶植物杀伤力较强的除草剂。2.4—滴丁酯除草剂对棉花产生药害后的症状表现为叶肉紧密皱缩,叶脉集中靠拢,叶片狭小成鸡爪状(图68)。即使是对棉花相对比较安全的氟乐灵除草剂使用过量时,对棉花也会产生药害。其表现为:棉苗出土后受药害,轻的表现为植株矮小、节间短,叶片变暗变小,形成僵苗或小苗,严重的使棉株根部膨粗或形成肿瘤,一碰即折,主根畸形,侧根很少或不发,影响棉花根系的正常生长。

(三)植物生长调节剂引起的药害

植物生长调节剂是一种其他用于促进,或控制作物生长发育的化学药剂,对使用时间和剂量的大小要求非常严格。植物生长调节剂在一定的使用剂量之内,可起到促进或控制作物生长的作用,一旦超过了要求中所允许的使用剂量,则极易产生药害。然而在生产实践中,大多数的使用者存在着一种不正确地认识和指导思想。使用剂量往往不按照使用说明书上的指导剂量使用,常比说明书上的指导剂量多一半,甚至多一倍。常见的由植物生长调节剂引起的药害原因,主要是在进行化控时,因缩节胺使用过量引起的结果。其药害的症状表现为:棉株的茎、枝、节间严重缩短,尤其是生长点不能正常生长,果枝、蕾、花、铃聚集在棉株顶部呈绣球状,植株变矮,叶、铃变小,严重影响棉株的正常生长发育,造成减产。

四、药害的预防措施

1. 慎重选择、正确使用杀虫剂　对棉花容易产生药害的杀虫剂，如辛硫磷、敌敌畏和灭多威，尽量避免使用，一旦使用时一定要严格按照规定的使用浓度用药，同时要注意喷药时间。

2. 严格掌握杀虫剂、除草剂、植物生长调节剂等药剂的使用浓度　如灭多威的使用浓度一定不要低于1 200倍。实践证明，灭多威的使用浓度要低于1 200倍液时，会对棉花产生药害。在缩节胺、赤霉素、氟乐灵等植物生长调节剂和除草剂的使用过程中，一定要严格按照使用说明书的指导浓度使用，以保证棉花的安全生长。而且不要同时使用几种含有植物生长调节剂的药剂，因为当单独使用一种植物生长调节剂时，按照指导说明书的要求剂量对作物没有药害，但当2～3种药剂加在一起同时使用时，其浓度就超过了安全使用剂量的2～3倍，就极易造成药害的产生。

3. 养成对喷雾器等药械的卫生使用习惯　有条件的最好把喷施除草剂和杀虫剂的喷雾器分开使用。没有条件分开使用时，一定要养成喷完除草剂后立即洗刷喷雾器的习惯，而且，洗刷时的清洗液要从喷头内往外喷出，以便把喷杆内的除草剂残留液一道清洗干净。以防下次使用时忘记洗刷，造成药害。对使用标签不明，又不知道名称和用途的农药，在弄清楚名称和用途之前，一定不要乱用，以免产生药害。

五、药害的补救措施

1. 用大量清水或微碱性水冲洗。如果是由叶面和植株喷洒某种农药后而发生的药害，而且发现的较早，可以迅速用大量清水喷洒受药害作物的叶面和全株，并反复喷洒2～3次，尽量把植株表面上的药物清洗掉。另外，由于目前常用的大多数农药(敌百虫除外)与碱性物质比较容易分解减效，可以在喷洒的清水中适量加0.2%碱面或0.5%石灰，进行喷淋和冲刷，以加快农药的分解速度，以减轻药害的发生程度。同时，由于用大量的清水淋洗，使棉花吸收较多的水,增加了棉株体内细胞水分的含量,对棉株体内的药剂浓度起到了一定的稀释作用,也能在一定程度上起到减轻药害的作用。

2. 去除受药害较严重的部位。适量去除受药害严重的植株部位和枯死枝叶,以防止药害向下传导蔓延,避免药害继续扩散。

3. 对由杀虫剂产生的药害,可采用喷施速效肥或根外追肥,如喷施 0.1%~0.3%磷酸二氢钾水溶液,或喷施 0.3%尿素+0.2%磷酸二氢钾混合水溶液,或喷施绿风 95、迦姆、垦易有机肥、叶面宝等有机营养液,每隔 5~7 天一次,连喷 2~3 次,可促进棉株迅速恢复生长。以增强棉株的生长活力,促进早发,以提高棉株的自身补偿能力。能显著降低药害造成的损失。

4. 对由除草剂产生较轻的药害,要先打掉畸形枝叶,再喷施赤霉素,促进侧枝的生长。或喷施 0.15%皇嘉天然芸薹素5 000~10 000 倍液,有缓解药害的作用。对由于氟乐灵除草剂使用不当引起的药害,要及时发现及时解救,发现药害后要立即浇水,稀释植株内的药剂浓度,同时喷灌爱多收 4 000 倍液,可解救药害。发现的越早,解救的越及时,棉田受到的损失越小。

5. 用 50 克尿素加 100 克磷酸二氢钾,加 1 克赤霉素,加 50 毫升天威(氨基酸类药剂)加水 30 升混合喷雾,能有效地解除药害。

六、肥害的诊断和防治

肥料是作物生长发育过程中不可缺少的物质。俗话说:庄稼一枝花,全靠肥当家。但是,如果肥料使用的过多,或者使用的时间掌握的不合适,就会起到相反的作用,甚至产生肥害。

作物的正常生长发育需要一定的无机盐营养,但是,当无机盐营养元素含量过多,发生营养过剩时,就会使土壤中的无机盐浓度过高，就会把棉花植株体内的水分倒渗出来，使棉株体内缺水，出现干旱、枯萎的现象，严重时能导致棉株死亡。也就是我们常说得让粪把庄稼给烧坏了。这就是肥害。

(一)肥害的发生原因和症状

肥害的发生原因一般有2种可能。第一种是施肥不均或者施肥后没有及时浇水所造成的结果。比如在撒施肥料时个别较大的结块没有及时捏碎，结块正好滚落在植株根部，恰好又没有及时浇到水，就会造成个别植株受害。受害状一般表现为株小、叶小、叶色暗绿，很像缺水受旱的样子。一般多表现为局部植株受害。还有一种情况是有的农户在雨后施肥，或者小雨中施肥，不经意间有的肥料颗粒落在了带水的叶片上，而且施肥后雨量又达不到把肥料粒冲掉的程度，导致落在叶片上的高浓度肥料液体使得叶片细胞内的水分外渗，造成叶片细胞质壁分离，出现叶片失绿、变白甚至干枯的现象。

这种肥害的成因原理，就像我们常见的腌咸菜理论一样，腌咸菜时，我们一般会把要腌制的蔬菜洗净晾干，然后再往每一层蔬菜上撒一层盐，本来腌菜的容器里是没有水的，但经过一段时间的腌制后，就会出现很多水。这就是蔬菜里的水分在高浓度盐分的情况下往外渗透的结果。棉田里的棉株也一样，棉田在施肥过量时，棉田土壤里的无机盐养分浓度过高，使土壤浓度的渗透势提高。就会出现棉株体内水分往外倒渗的现象。所以就会出现很像缺水受旱的样子。

第二种肥害的产生的原因，是在棉花生长期间，施肥的时间、种类和用量不合适。

比如，在棉花的生长已经进入蕾铃期，还经常会看到有的棉田会出现棉花株高、叶大、枝空，就是看不见蕾、花、铃的现象。棉田的主人看着别人的棉田蕾、铃满株，也很着急，说自己没少浇水、施肥，没少花钱、费力气,可棉花就是光傻长个,不结蕾、铃。老乡把这种棉花叫做光吃饭、不干活的懒汉棉。其实,这也是一种肥害现象。

这种肥害的成因就是在错误的时间,不合理的施肥所造成的棉花营养生长和生殖生长关系失调的结果。

要解决这一问题,就涉及了棉花的营养特点和施肥规律的问题。首先必须了解棉花一生的营养特点,以及各个生育时期对养分的吸收规律。才能因时、因地、因苗,正确、合理施肥,充分发挥肥料的增产作用。

棉花的生长发育特点是营养生长和生殖生长的共生时期较长,没有明显的分界线。而且从棉花发芽、出苗到吐絮成熟,每个生育时期又都有它的不同的生长中心。在初花期以前,是以扩大营养体为主,以生根、长茎、增叶(根、茎、叶是棉花的营养器官)的营养生长为生长中心。初花期以后,营养器官的生长逐渐衰退,开始以增蕾、开花结铃为主(蕾、花、铃是棉花的生殖器官),转向以生殖生长为生长中心。由于不同生育时期的生长中心不同,因此养分的分配中心也不同。尤其是在生长中心从以营养器官为主转向以生殖器官为主的重要转折时期,对棉株的营养供应、分配是不是掌握的合适、恰当,显得更为重要。所以一般有经验的棉农,把给棉田追肥、浇水的时间定在棉田的大部分棉株上都座住1～2个大棉桃的时候。这是有道理的,说明这时棉株的生长中心已经转向了生殖生长。此时再施肥、浇水就不会出现营养生长和生殖生长失调,棉株高、大、空的现象。

据专家研究,棉花一生中根据对营养元素的需求规律,可分为四个时期。

1. 出苗至现蕾为苗期 这个时期的生长特点是以营养生长为中心,营养特点是以氮代谢为中心。对氮和磷素的需求量较高。其中氮主要用于叶片的生长,磷则有助于根系的发育。因此,苗期应满足氮肥和磷肥的供应。

2. 现蕾至开花盛期 开始转到营养生长与生殖生长同时并进的共生期，而仍以营养生长占优势。这个时期棉株体内碳、氮代谢都达到最旺盛的时期，叶面积的增长和干物质的积累也最多，正确掌握这个时期的养分供应，是增保蕾铃的关键。由于这一时期，棉株的叶面积逐渐接近最大时期，碳的代谢水平达到最高峰，如果此时施氮肥过多，单纯以氮促苗，将使叶片制造的碳水化合物过多地消耗于碳水化合物的合成，促使营养器官过度增长，常可引起棉株徒长，结果提早封行，田间隐蔽，蕾铃营养供应不足，往往容易形成棉株高、大、空的现象。在大量结铃时期，生殖器官中磷和钾的含量迅速增加。因此，必须掌握好氮肥的使用量，不能过多地施用氮肥。而且，在适量施用氮肥的同时，必须充分供给磷、钾肥，以促进生殖生长，控制营养生长，才能达到棉株的协调生长发育，既能使营养达到适当的生长量，又能确保伏前桃的成长和多结伏桃。才不会出现株高、叶大、枝空的懒汉棉株。

3. 开花盛期至吐絮始期 这个时期棉株的营养生长高峰已过，转入生殖生长占优势的时期。这一时期由于棉铃开始迅速生长，对各种养料的消耗量也迅速增加，所以此时大量施肥，就不会出现营养生长和生殖生长失调的现象。因此，在棉花盛花期后要特别注意改善棉花根部对肥水的吸收条件，以增进氮素营养的供应，保证正常的碳、氮比例，并提高磷、钾肥的营养水平，这样既有利于棉铃的成长，又有利于维持营养器官的正常功能和适当的长势，达到确保伏桃，增结秋桃的目的。

4. 开始吐絮至收花结束 这个时期主要是棉铃的成长和成熟期，棉铃成长为营养转运中心，整个吐絮期营养器官所含养分逐步降低，而生殖器官中心所含养分不断提高，表明氮、磷、钾养分从营养器官向生殖器官转运，以再利用的方式供给棉铃生长。这一时期应保持棉叶的生理功能，并控制营养的生长和无效花蕾的产生，使养分集中供给有效蕾铃的生长，促进棉花早熟，增加铃重，提高质量。

(二)预防肥害的棉田施肥原则和技术

为了在满足棉花生育期对养分需求的同时又不产生肥害,必须掌握好棉花施肥的适宜时期、施肥种类、数量和施肥方法。要根据不同棉田的土壤肥力,棉株长势等不同情况,因地、因时区别对待,要区分高产施肥和经济施肥的不同要求和施用技术。高产施肥是按照高产的要求,尽量通过施肥来满足棉花各个生育时期对营养养分的需求,来达到棉花高产的目的。而经济施肥是在有限的肥料数量情况下,正确掌握施肥时间和技术,集中施在关键期。让棉花的增产数量达到最好,以最小的成本投放,达到最大的棉花丰产目的。

1. 施肥原则 总结我国棉农长期生产实践的经验和各地多年的肥料试验结果,棉花高产的施肥原则和技术是:足施基肥,轻施苗肥,重施花铃肥,补施盖顶肥。高产施肥的施肥量往往较大,随着施肥量的增加,肥料的增产率相对降低,使得增产成本增加。因此,从经济学的角度考虑,高产施肥不是最经济的。所以,高产施肥原则通常适用于一些生产水平较高的棉区和高产田块。经济施肥原则:是把有限数量的肥料,集中施用在最关键的时期,让其发挥出最大的增产效果,达到提高施肥的经济效益之目的。所以,经济施肥的原则可能更适合于多数棉区大面积平衡增产的选择。

2. 施肥技术 根据肥料的不同使用时期和方法,可分为基肥和追肥两类。

(1)足施基肥 基肥一般以厩肥、堆肥、绿肥、河泥和土杂肥等迟效有机肥料为主,如再施一些饼肥和磷肥、钾肥更好。基肥的使用时间一般在春耕备播整地之前使用。基肥的用量应根据棉田的茬口、土壤性质、肥力、肥料的种类和质量而定。土质好、茬口好、肥力较高、肥料质量较好的,基肥可以少施一些。相反土质较差、肥力不足、肥料质量较差的，则基肥应该多施一些。基肥的使用数量，在北方棉区一般棉田以每667平方米施堆肥或土杂肥1 000～2 000千克为宜，高产田可增施到4 000～50 00千克。南方棉区一般以亩施杂肥500～1 000千克，或绿肥750～1 500千克为宜，有条件的地方再加施饼肥15～50千克。过磷酸钙作基肥的用量，每667平方米为15～25千克，多的达50千克。硫酸钾或氯化钾每667平方米用10～15千克。基肥要求深施，一般是将肥料全面均匀撒于地面，然后耕翻。当肥料少时，也可集中条施或施在移栽沟内。

（2）轻施苗肥　棉花苗期正是发根、生长茎叶的营养生长时期，花芽也在这个时期分化，需要吸收一定数量的养分，特别是幼苗，对氮、磷的供应十分敏感。但由于营养体较小，一般需肥量不多。所以使用苗肥要看地、看苗、因地制宜施肥。苗肥一般以化肥或腐熟的人粪尿等速效性氮肥为主。要掌握轻施，一次施肥量不宜过多。一般情况下，一次施肥量每667平方米每次以硫酸铵2.5～7.5千克为宜。苗肥数量一般占总施肥量的15%左右。若施氮肥过多，单纯以氮催苗，叶片制造的碳水化合物多消耗于蛋白质的合成，则常导致前期旺长，中期容易形成高、大、空等现象。在基肥充足、肥力较好的棉田。可以不施苗肥。在旱薄棉田、盐碱地、未施基肥、或基肥施的不足的灌溉棉田，则应该早施苗肥。早施苗肥能提高棉苗体内的含氮水平，使叶面积增大，叶内叶绿素增多，光和功能增强，促进花芽分化，达到壮苗早发的目的。当棉田的棉苗出现杆细、叶片小而薄，叶色绿里显黄，生长点干瘦现象时，则是缺肥的象征，一般以在2～3片真叶时追施为宜，每667平方米施硫酸铵5千克左右，过磷酸钙10～15千克。施肥方法：应把肥料施在距棉苗3寸远、深2.5～3寸的地方。施肥后要及时浇水，以便及时发挥肥效。

（3）重施花铃肥　棉株开花以后，营养生长和生殖生长都趋向旺盛,并逐渐转入以生殖生长为主的时期,这一时期棉株大量开花结铃,积累的干物质最多,对养分的需要量激增,叶片内的大量养分被消耗掉,叶色逐渐变淡,需及时补充养分。而这时土壤里的速效氮含量却急剧下降。因此,必须重施花铃肥,才能补充土壤中养分的不足,来满足棉株对养分的需求。不然,就会出现棉株叶色变黄,营养生长停滞早衰现象。最终导致结铃数量减少,棉铃小,产量降低的结果。所以花铃肥是一次关键性的追肥,一定要重施。而且,最好按照生长需要的比例,氮、磷、钾多元素兼顾。合理配比。如果施氮过多,则棉株体碳、氮比失调,容易引起营养生长过旺,蕾铃脱落增加,后期贪青晚熟,伏桃减少,秋桃比例增加,也会造成减产。如果缺磷、则延迟结铃,种子发育不良,成熟晚。如果缺钾,则会出现红叶茎枯病,棉叶变红,干枯脱落,棉铃变小,不能成熟,不仅影响棉花产量,而且纤维品质也会变差。

花铃肥的追施时间,一般在大部分棉株下部坐住1～2个大桃时。因为,此时棉株体内营养物质的分配中心已经转向花铃等生殖器官,不会引起棉株的徒长。这时的亩施肥量应根据不同棉田的肥力、棉苗长相而定,氮肥一般在10～20千克之间。施肥时,可在棉花行间结合中耕,开沟进行适当深施或穴施,如果天气干旱,要结合浇水,以提高肥料的吸收利用率。磷、钾肥此时在土壤中施用已有点偏晚,可以进行根外喷施。

(4)补施盖顶肥　在一般中、上等肥力的棉田,为了防治棉花早衰,充分利用有效的生长季节,争取多结铃,提高铃重和衣分,以达到更高的产量。可以在花铃后期补施盖顶肥。盖顶肥的使用时间和数量,应在施花铃肥的基础上,根据棉花长势,灵活掌握。盖顶肥的使用方法,多采用叶面喷施法。一般在立秋前后,对叶子显黄,已经早衰象征的棉花,可喷施1%～2%尿素溶液;对长势偏旺的棉花,可喷施2%～3%磷酸二氢钾溶液。直接喷洒在棉叶上,以供叶片直接吸收利用,以便迅速发挥肥效。

第六章 棉田病虫害发生规律和综合防治技术

一、不同棉区棉田主要病虫害发生规律及防治技术

(一)黄河流域棉区棉田主要病虫害发生规律及防治技术

(见表 6-1)

表 6-1 黄河流域棉区棉田主要病虫害发生规律及防治技术

生育期	时 间	主要病虫种类	综合防治技术
播种至出苗	4月下旬	苗蚜、苗病和地下害虫	用2.5%咯菌腈悬浮种衣剂10毫升对水100毫升搅拌均匀后拌棉种10千克,或50%多菌灵悬浮剂进行拌种
苗 期	5月下旬至6月上旬	苗蚜、红蜘蛛、棉蓟马、地老虎	沟施吡虫啉防治,也可用鲜桐叶诱捕、诱杀
蕾 期	6月中旬至7月上旬	二代棉铃虫、玉米螟、红蜘蛛、美洲斑潜蝇	转基因抗虫棉一般不用防治棉铃虫和玉米螟。常规棉田用克螨灵或螨虫清防治红蜘蛛和美洲斑潜蝇
花铃期	7月中旬至8月上中旬	三代棉铃虫伏蚜、叶蝉、美洲斑潜蝇、盲蝽和小象鼻虫	用核多角体病毒防治三代棉铃虫,用吡虫啉或菊酯类农药交替使用防治其他害虫。转基因抗虫棉防治1～2次,常规棉视虫情防治多次

续表 6-1

生育期	时 间	主要病虫种类	综合防治技术
结铃吐絮期	8月下旬至9月份	四代棉铃虫、棉小造桥虫和棉大卷叶螟	根据虫情进行人工捕捉残虫或用有机磷和菊酯类农药混合喷雾。转基因抗虫棉防治1～2次,常规棉视虫情防治多次
收获期	11～12月份	棉铃虫、红铃虫、地下害虫等越冬虫源	及时拔除棉柴,进行秋耕冬灌,消灭越冬虫蛹

(二)长江流域棉区棉田主要病虫害的发生规律及综合防治技术

见表6-2

表 6-2 长江流域棉区棉田主要病虫害的发生规律及综合防治技术

生育期	时 间	主要病虫种类	综合防治技术
播种至出苗	3月下旬至4月下旬	棉红铃虫、棉叶蝉、棉盲蝽、地老虎、玉米螟、金刚钻、蜗牛等	清除棉站、轧花厂和农户仓库等越冬场所内的棉红铃虫、铲除田边地头杂草,减少越冬虫源,实行稻棉轮作
苗 期	4月下旬至6月上旬	苗蚜、蓟马、叶蝉、蜗牛、地老虎等	采用内吸剂种衣剂处理种子,沟施吡虫啉、大功臣或呋喃丹等药剂防治,也可用鲜桐叶或毒饵诱捕和诱杀地老虎
盛蕾期	6月份	金刚钻、棉叶蝉、玉米螟、棉盲蝽等	当百株盲蝽11头或新被害株率达5%～10%时,用菊马乳油或菊酯类农药1000倍液或1500倍液喷雾防治

续表 6-2

生育期	时 间	主要病虫种类	综合防治技术
盛花期	7月份	二代红铃虫、伏蚜、叶蝉、玉米螟、盲蝽和棉铃虫等	结合田间管理，摘除捡拾有虫的蕾花铃，用吡虫啉、大功臣、菊酯类等农药交替使用喷雾防治
结铃吐絮期	8～9月份	三代红铃虫、棉铃虫、金刚钻和玉米螟等	挑治三代红铃虫和棉铃虫，用菊酯类农药或有机磷农药轮换使用防治
收获期	11～12月份	棉铃虫、红铃虫、地下害虫等越冬虫源	及时拔除棉柴，进行秋耕冬灌，消灭越冬虫源

(三)转基因抗虫棉田主要病虫害的发生规律及综合防治技术

见表 6-3。

表 6-3 转基因抗虫棉田主要病虫害的发生规律及综合防治技术

生育期	时 间	主要病虫种类	综合防治技术
苗 期	5月下旬至6月上旬	苗蚜、红蜘蛛、棉蓟马	沟施吡虫啉或用种衣剂处理种子，苗期40天内可不用化学药剂防治
蕾 期	6月中旬至7月上旬	棉红蜘蛛、美洲斑潜蝇	用克螨灵或螨虫清等喷雾防治
花铃期	7月中旬至8月中旬	棉花伏蚜、红蜘蛛、棉盲蝽、棉小象鼻虫、三代棉铃虫、甜菜夜蛾	用核多角体病毒防治三代棉铃虫，用吡虫啉、有机磷、菊酯类农药交替使用防治其他害虫。只防治棉铃虫1～2次即可

续表 6-3

生育期	时 间	主要病虫种类	综合防治技术
结铃吐絮期	8月下旬至9月份	四代棉铃虫、甜菜夜蛾、棉粉虱	用阿维菌素杀虫剂防治棉铃虫、甜菜夜蛾。用黄色诱板诱杀棉粉虱成虫,用扑虱灵、灭抗灵、灭扫利等药剂喷雾防治。只防治1～2次即可,长江流域棉区棉铃虫防治1～2次
收获期	11～12月份	棉铃虫、红铃虫、地下害虫等越冬虫源	及时拔除棉柴,进行秋耕冬灌,消灭越冬虫源

二、棉田病虫害综合防治措施

(一)自然生态调控措施

1. 合理调整种植结构,改善农田生态环境 创造有利于天敌生长繁衍的生态环境,增强生态调控效应。大面积种植单一作物的农田生态系统结构,使少数种类害虫获得较好的营养条件,个体数量剧增,成为当地的主要害虫。加上人为地滥用化学农药,杀死大量天敌,客观营造了诱发害虫猖獗发生的条件,导致有些害虫暴发性发生。

为此,应该从改善农田生态环境的观点出发,有计划、有目的地调整种植结构和品种,以不同作物插花种植(即棉花、玉米、大豆、花生等多种作物分散开来,不集中连片种植。)或棉豆、棉菜间作套种(每隔2～4行棉花播种1行油菜或其他诱集作物),诱集瓢虫、食蚜蝇、草蛉、螳螂、蚜茧蜂等天敌,给天敌提供一个能躲避化学农药伤害,有利于天敌生息繁衍的环境和场所,扩大田间天敌的种群数量，增强天敌自然控制害虫的能力，这是农田生态调控的重要措施之一。

据肥乡县调查，插花种植的棉田天敌数量比不插花种植的棉田多1.3～11.1倍，而且从5月份一直持续到8月份。据冀南棉区1987～1989年连续3年示范推广，在棉田内种植早熟绿豆、油菜、高粱、玉米等诱集作物，引诱天敌，不仅能控制棉蚜危害，还能引诱玉米螟、棉铃虫在诱集作物上产卵，减轻棉株上的落卵量。据调查，5月15日至6月15日之间，2.5米油菜行长的天敌数量为400～500头，春玉米的天敌数量为80～100头，诱集的棉铃虫卵占总落卵量的10%，并使棉田玉米螟的落卵量减少35%左右，间作绿豆棉田，害虫的天敌瓢虫、草蛉的数量是单作棉田的2～3倍，高的可达7倍。

实践证明，在此情况下，不喷施化学农药，也能控制棉田苗蚜的危害，有效地提高了天敌的自然控害能力。

2. 保护麦田天敌、增加天敌来源　麦田是多种天敌的越冬场所和早春繁殖基地，是棉田天敌的主要库源。在一般情况下，每667平方米的麦田里的瓢虫数量达500～5 336头，蚜茧蜂对麦蚜的寄生率达23.6%。5月下旬至6月上旬是麦田天敌向棉田迁移的高峰期。据调查，1995年6月9～20日，在一块0.26公顷的棉田内，平均百株有瓢虫300～400头，这一块棉田在当年2代棉铃虫特大发生的情况下，推迟10天不喷药防治棉铃虫，平均百株一至二龄幼虫一直保持在2～4头之间，与同期喷药防治3次的棉田效果相同。保护麦田天敌的主要措施是：

第一，放宽麦蚜的防治指标，由原来的百株蚜量500头开始喷药防治，放宽到800～1 000头，当麦蚜的被寄生率达到30%以上时，可以不用喷药防治。

第二，选用保益灭害的选择性农药防治麦蚜，如用50%抗蚜威（辟蚜雾）每公顷（10 000平方米）用量150～180克对水450千克喷雾防治，防效达90%以上，能保护大量天敌不受伤害。

第三，麦田1代棉铃虫大发生，需要喷药防治时，可用生物制剂Bt(苏云金杆菌)乳剂或粉剂200倍液喷雾防治，有利于保护麦田天敌。

第四，适宜地区在麦田畦埂上种植少量油菜，为天敌提供取食、栖息和繁殖的有利环境和条件，增加天敌的数量，既能控制麦蚜和麦田棉铃虫的危害，又能增加天敌向棉田迁移的数量。同时还能起到肥田的作用和"白捡"油菜籽的作用。具体做法是：小麦播种后随即在畦埂上条播或穴播当地农家冬性白菜型油菜。一般2米宽的麦畦，每667平方米用油菜籽100克左右的播种量。为防止播种的密度过大或稀密不均，播种时可在油菜籽里掺入适量的谷秕。小麦返青后，发现密度过大时，要适当疏苗。麦收前10天收获油菜籽，每667平方米可收获油菜籽10～20千克。

第五，麦收时留10厘米以上的高茬，保护麦田天敌向棉田的安全转移。

(二)苗期病虫害的防治措施

从棉花播种到现蕾是棉苗生育期，这一阶段棉苗立枯病、炭疽病、棉蓟马、棉蚜和地老虎为主要防治对象。其主要防治措施为：

1. 选用抗病虫品种 是防治病虫害的基本措施。具体选用什么品种，要根据当地种子部门推荐的适宜在当地环境条件下生长发育的品种。

2. 药剂拌种

第一，用含有杀虫剂、杀菌剂的种衣剂处理种子(或直接购买用种衣剂处理好的种子)。或播种前用2.5%咯菌腈悬浮种衣剂10毫升对水100毫升，搅拌均匀后拌种10千克。40%五氯硝基苯加25%多菌灵按等量混配，以0.5千克混剂拌棉种100千克的比例拌种，或用70%甲基硫菌灵可湿性粉剂0.5千克拌棉种100

千克。对棉苗立枯病、炭疽病都有较好的防治效果。

第二,用菌毒清、安索菌毒清、多菌灵、黄腐酸盐或益微等药剂300～500倍液浸拌种,对提高棉株对棉花黄、枯萎病的抗性效果较好。

3. 温汤浸种 先把选晒好的棉种用55℃～60℃的温水浸种半小时后捞出晾晒,晾到绒毛发白时,用75%的甲拌磷100毫升加水2.5升拌棉种10千克,拌后堆闷8～12小时(中间翻动2～3次),再用种子重量0.3%的70%甲基硫菌灵或40%的多菌灵等杀菌剂拌种,然后播种。此种方法能防治地下害虫、苗期蚜虫、棉蓟马、红蜘蛛和苗病等。

4. 适时晚播 适时晚播,提高播种质量,是推迟和减轻苗病发生时间和程度的经济有效的重要措施之一。生产实践证明,温度是决定播种期的重要条件。播种过早,由于温度低,出苗时间延长,养分消耗多,棉苗生长力弱,对病原菌的抵抗力低,有利于病菌的侵染发病。造成大量的病苗死苗"缺苗断垄"现象。如果播种过晚,不能充分利用光能热源,从而影响生育期,对产量会造成一定的影响。当5厘米地温稳定在14℃时为最佳播种期。在黄河流域棉区有"谷雨前后,种花点豆,种花得花,种豆得豆"的谚语。所以,一般以谷雨前后播种较好。在长江流域棉区上、中、下游不同地区之间的气温变化较大,所以播种期也应有所不同。上游地区春季气温回升较快,播种期应比中下游早一些。一般在3月中下旬即可播种。中游以4月上中旬为宜。下游则以4月下旬至5月上旬为好。

5. 清除杂草 及时铲除棉田内外和田埂上的杂草,并及时带出田外沤肥,是防治地老虎和红蜘蛛的有效措施。千万不要乱放铲除的杂草,以免害虫转移危害棉苗。

6. 诱杀 地老虎发生严重的棉田,可用桐树叶诱杀。每667平方米用新鲜的泡桐树叶60～80片,每8～10平方米放1片桐树叶,下午放叶,第二天早晨在叶下捉虫,连续捕捉3～5天,灭虫效果能达95%左右。

制作毒饵诱杀地老虎:用90%敌百虫晶体原药100克,加水500～1 000毫升,把药稀释后喷拌在10千克炒香碾碎的棉籽饼或麦麸上,傍晚顺垄成小撮状撒施在棉苗附近,每667平方米用毒饵10～20千克。也可用药拌切碎的鲜菜叶或青草制成的毒饵顺垄撒施,但用量要适当加大,成小堆撒施。

7. 药剂防治 当棉田苗蚜、蓟马、红蜘蛛等害虫达到防治指标(3叶前百株蚜量1 000～1 500头,卷叶株率20%,瓢蚜比例超过1:120;4叶期以后,百株蚜量达2 000～4 000头,卷叶株率达30%～40%时,伏蚜的防治指标是每单株棉花上、中、下3叶蚜量大于150～200头)时,是棉蚜的防治适期,就应该进行药剂防治。防治方法如下:

(1)用氧化乐果缓释剂涂茎 这种方法省工、省药、成本低、效果好。药效期可达7～10天,还能兼治棉蓟马、红蜘蛛等刺吸式口器害虫,同时能减轻对天敌的杀伤作用。氧化乐果缓释剂的配制方法为:用100～150克聚乙烯醇,加水5升煮沸,使聚乙烯醇完全溶解晾凉后,加入1千克氧化乐果乳油搅拌均匀就能使用。使用时用细木棍扎上棉絮头蘸上配制好的氧化乐果缓释剂药液,在棉株茎基部红绿相间的地方涂抹上麦粒大小的1个药斑即可。

(2)用氮素杀虫 用2%的尿素溶液,或1%的碳铵溶液,或0.5%的氨水溶液,在害虫发生始期进行根外喷施。这3种氮具有较强的挥发性,对害虫具有一定的熏蒸和腐蚀作用,尤其是对红蜘蛛、棉蓟马等体型小、耐力差的害虫,防治效果尤佳。

(3)用洗衣粉水喷雾防治 用优质洗衣粉500克加水150～200升对棉株进行叶背喷雾,防治棉蚜的效果和甲胺磷相当,而且对人畜安全,不杀伤天敌。

(4)采用小孔径、低容量化学药剂喷雾 其方法是把常用的压缩式喷雾器的喷头换上0.7毫米左右的喷头片，进行喷雾。喷雾方法和常规喷雾相同，只是在配药时比常规喷雾时多加1～2倍的药剂，使药液的浓度提高。因为低容量喷雾时用的药液量少，所以每667平方米所用商品药剂的数量只是常规喷雾的80%左右。小孔径、低容量喷雾的药液浓度高、喷孔小，压力大，雾粒小，雾化程度好，在棉株上分布均匀，因此防治效果好，而且用水量小，比常规喷雾节约用水量50%左右。节约用药量20%左右。另外，小孔径低容量喷雾，药液在棉株上的流失量小，喷洒在地面上的药液量少，对环境污染和天敌的杀伤作用也相对减轻。

(5)内吸杀虫剂涂茎　用氯.辛乳油涂茎或用40%氧化乐果加水4～6倍稀释后，用细木棍扎上棉絮头蘸药液，在棉株茎基部红绿相间出涂抹上麦粒大小的药斑即可。同时可兼治棉蓟马、红蜘蛛、棉盲蝽等害虫。

(6)化学药剂喷雾防治　苗蚜发生期每667平方米用10%吡虫啉10克对水30升喷雾防治；伏蚜发生期每667平方米用10%吡虫啉15克对水45升喷雾防治；或用0.5%、1.8%或2.0%的阿维菌素系列杀虫剂稀释2 000～5 000倍液喷雾防治。

(三)蕾铃期病虫害的防治措施

棉花从现蕾、开花、到吐絮，这一时期棉田病虫害的发生种类较多，棉花伏蚜、红蜘蛛、棉粉虱、棉盲蝽、棉小象鼻虫、棉花造桥虫、甜菜夜蛾、3～4代棉铃虫以及棉花黄、枯萎病、棉花红叶茎枯病、棉花铃病等都在这一时期发生危害，但防治时，在不同的棉区或地块，病虫害的主要发生种类不同，要根据自己棉田的具体情况，选用不同的药剂和防治措施。

1. 诱杀成虫　诱杀成虫，治源清本，把害虫消灭在发生危害之前。要充分利用害虫成虫的趋光性和趋化性，大量诱杀成虫。比如棉铃虫，一般情况下，棉铃虫的雌蛾羽化后1～3天开始产卵，再后延2天,才进入产卵盛期,产卵历期7天左右,而且雌蛾产卵量大,繁殖力强,平均1头雌蛾能产卵1 000多粒,多者能产卵2 000～3 000粒。如果杀死1头雌蛾,就相当于杀死好几百头幼虫。

所以,在生产实践中,人们根据棉铃虫、造桥虫、甜菜夜蛾和棉盲蝽等害虫的成虫喜欢扑灯,棉蚜、棉粉虱等害虫喜欢黄颜色等习性,采取相应的措施,把害虫引诱集中到一起进行消灭,往往能收到事半功倍的效果。诱杀成虫的常用技术有以下几种:

(1)灯光诱杀　主要有高压汞灯、黑光灯、频振灯和双波灯。

①高压汞灯诱杀:高压汞灯是20世纪90年代在棉铃虫持续大发生的情况下,新推广的一种大面积成虫诱杀技术。它的波长在333～580纳米。能诱杀棉铃虫、地老虎、造桥虫、玉米螟、金龟子、豆天蛾、榆绿天蛾和甘薯天蛾等天蛾类多种害虫的成虫。它的缺点是耗电量大,在诱杀害虫的同时,也会诱杀一部分具有趋光习性的天敌。

其具体使用方法是:供电线采用直径2.5毫米的铜、铝胶皮线,灯头引线为直径2毫米以上的多股软线,灯泡功率为450瓦,使用220伏的交流电源。灯泡离地面高度1.5米左右,灯下必须设置水盆或自制水池,水盆或水池的直径1.2～1.5米,水深10～15厘米,在水中加入0.1%的洗衣粉,灯泡离水面的高度20厘米左右,灯上要安装防雨灯罩,以防止夜间下雨把灯泡击坏。水池也可用苇箔或秸秆、废旧木板等制成框架,在里边铺上塑料膜,不漏水就行。在每一代的蛹羽化为成虫的高峰期开灯,每天天黑开灯,天亮关灯,而且要由专人负责,每天把落在水里的死蛾捞出,诱蛾量大的时候,在夜间要加捞1～2次死蛾,并注意及时补充水量。灯和灯之间的距离以400米左右为好。实验结果表明,在距离高压汞灯300米范围之内,对2、3、4代棉铃虫的田间落卵量比没有安装高压汞灯的棉田分别减少54.1%、43.8%、和40.9%。2代棉铃虫发生期的最佳有效控制半径为200米,每盏高压汞灯的诱蛾面积为 12.7 公顷，在此范围内，棉田棉铃虫的落卵量可降低 54.5%。3 代棉铃虫发生期的最佳有效控制半径为 150 米，每盏高压汞灯的诱蛾面积为 7 公顷，在此范围内，棉田棉铃虫的落卵量可降低 57.8%。4 代棉铃虫发生期的最佳有效控制半径为100～150 米，每盏高压汞灯的诱蛾面积为 3.3～6.7 公顷，在此范围内，棉田棉铃虫的落卵量可降低 58.3%～44.8%。超出此范围之外，随着距离的扩大，诱蛾效果逐渐降低，到 300 米时，几乎无效。

另外，在各个世代的最佳有效范围内，距离高压汞灯越近，棉田落卵量会相应增高，出现“灯下黑”现象，这是由于飞到灯下的蛾子，有很多没有立即跌进水池里，就会在就近的棉株上产卵而造成的。所以要相对加强对高压汞灯附近 20 米范围内棉田的药剂防治。

②黑光灯诱杀 黑光灯是利用对鳞翅目夜蛾科类成虫具有强烈诱集作用的短光波制成的诱杀灯具。灯的波长为 300 纳米。使用方法：每 3.3 公顷棉田安装 1 盏 20 瓦黑光灯，灯的底端高出棉株 20 厘米左右，灯管旁边安装玻璃挡板。灯下放 1 个口径比较大的容器，容器内装入 0.2%浓度的洗衣粉水，水深 10～15 厘米，在成虫羽化高峰期前开始诱蛾，每天傍晚开灯，天亮关灯，能诱杀棉铃虫、地老虎、金龟子等多种害虫的成虫。

③频振灯诱杀 频振灯是利用频振波对远距离成虫进行干扰，引诱，用光吸引近距离成虫上灯，用高压电网杀伤成虫。不需要设置水池，也不用人工捞蛾，耗电量小，一般功率为 20 瓦，并适用于 220 伏、380 伏交流电，14 伏直流电等多种电力条件。每盏灯诱蛾的有效半径为 100 米，控制 面积约 3 公顷，省工，省时，灯的高压电网对人、畜安全。

灯的使用方法为：灯管下端高出作物 50 厘米左右，每隔 2～3 天用毛刷或废纸清理 1 次电网上的成虫残体，清理时一定要切断电源。灯下可以挂上一个装虫袋，防止受伤的成虫飞掉。另外，在大风、雷雨天气要注意关灯。

④双波灯诱杀 双波灯可以发出两种波长的光。诱杀原理是500～610纳米的长光波在空气中衰减慢,传播远,能有效地诱集远距离的成虫;短光波能使近距离的成虫"眩目"扑灯,起到杀虫效果。双波灯为20瓦,功率小,耗电量小,每盏灯的有效半径为80米,诱蛾面积2公顷。

使用方法:灯的下端离地面1.3米～1.6米,捕虫水池的水面距灯底10～20厘米,水面直径1.5米以上,水深10～15厘米,水中加入0.2%的洗衣粉,每天天黑开灯,天亮关灯。要及时捞蛾补水,雷雨天气注意关灯,注意加强对灯下20米范围内作物的化学药剂防治。

(2)性诱剂诱杀　性诱剂是一种利用昆虫的雌性信息素,引诱雄性昆虫前来交配的化学物质。通过大面积诱杀雄性昆虫,使其雌雄比例失调,减少雌蛾的交配率,降低田间有效落卵量,压低田间害虫的种群数量,减少防治压力。性诱剂的专化性较强,不杀伤天敌,不污染环境,防治成本低,使用方便。性诱剂原来只用于害虫的预测预报,1993年棉铃虫特大发生,为控制其猖獗危害,才开始用于大面积诱杀防治。每一种性诱剂只能诱杀1种害虫的雄虫。

目前,在棉田大面积应用的性诱剂只有棉铃虫性诱剂,棉红铃虫性诱剂等少量几个品种。性诱剂的使用方法:用3根竹竿或木棍做成三角形支架,在支架上放一个直径30～40厘米的洁净水盆,盆里盛0.1%洗衣粉水,水深5～6厘米,性诱剂诱芯用细铁丝或线绳串起来挂在水盆中央的上方,离水面1厘米,诱盆高出棉株20～30厘米。诱蛾量大时,每天捞一次蛾,并及时补充水量,5～6天换一次水。以防止时间过长,盆内残水发臭,影响诱蛾效果。性诱剂的放置密度根据诱芯内性信息素含量的多少来定。如江苏金坛产的棉铃虫性诱剂诱芯,一般每667平方米放2个诱盆,均匀摆放。中国科学院动物所生产的棉铃虫性诱剂诱芯，一般每 1300 平方米放 1 个诱盆就行了。12 天左右换 1 次诱芯。

(3)植物诱杀

①玉米诱集带：其方法是在棉田每隔 6～8 行棉花种植 1 行玉米或高粱，每穴 2～3 株，穴距 1 米，与棉花同期播种。当 1 代棉铃虫发生期，大量成虫便聚集在玉米或高粱的喇叭口内栖息。在此期间，每天早晨日出之前，人工捕捉在玉米喇叭口内栖息的成虫，可减少棉田棉铃虫的落卵量 16%～48%。

②种植玉米、高粱诱集带，不仅对害虫有明显的诱集效果，而且还可以改变棉田单一的生态环境。当棉田进行喷药时，害虫的天敌可以在诱集作物上栖息，以躲避化学农药对天敌的伤害，为天敌创造一个良好的生存条件，起到诱杀成虫、诱卵、招引和保护天敌的多重作用，提高天敌的自然控害能力。值得注意的是：在种植诱集作物的棉田，在棉铃虫成虫的发生期，特别是 1 代成虫发生期，一定要坚持每天早晨捕杀成虫，否则将会加重害虫的危害。

③种植花源植物诱杀 大多数鳞翅目成虫羽化后，有取食花蜜补充营养的习性。在成方连片的棉田周边，适量种植一部分开花植物，如白菜、萝卜等植物的留种田，当成虫在开花作物田取食花蜜时，喷药集中消灭，能收到事半功倍的效果。花源植物与棉花的种植比例以 1∶10～15 为宜。即每 667 平方米棉田种 35～70 平方米的花源植物。花源植物的有效距离为 50 米左右，在棉铃虫成虫羽化高峰期，平均每天 1 平方米能诱蛾 25 头左右，高峰日能达到 70 多头。在此期间，每天傍晚 6～7 时在成虫取食前对花源植物喷施 24%的万灵可湿性粉剂 1 000～1 500 倍稀释液，能杀死大量成虫，减少棉田落卵量 20%～50%。

④杨树枝把诱杀 能减少田间落卵量 50%左右。其方法是：取 50～70 厘米长的带叶杨树枝条，每 10～15 根捆成 1 把，在成虫羽化期插在棉田里，杨树枝把要高出棉株 15～20 厘米，每 667 平方

米插10～15把,在每天早晨日出之前,用塑料袋或其他网袋套住杨树枝把,然后拍打,使成虫进入口袋后集中杀死,杨树枝把以2～3天后萎蔫并散发出气味的诱蛾效果较好,每7～10天更换1次杨树枝把。此方法以诱杀1代成虫,防治2代棉铃虫效果较好。

(4)黄色板诱杀　棉蚜、棉粉虱对黄颜色有一种特殊的爱好,利用害虫的这一习性,采用黄色板诱杀效果很好。具体使用方法:在废旧纸箱板的两面粘上一层黄纸,或涂上黄色颜料,晾干后再涂上一层机油或黄油作为黏着剂,当棉蚜、棉粉虱的成虫扑向黄色诱板时,即被粘在黄色诱板上。黄色诱板在成虫羽化高峰期,悬挂在离棉株高10～15厘米的地方,当黄色诱板的两面都粘满棉蚜或棉粉虱时,要及时更换或清洗诱板,以保证诱杀效果。

2. 微生物防治技术　微生物防治就是把已得病害虫的病原真菌、细菌、病毒及其代谢产物制成杀虫剂,用于防治害虫。目前,应用比较广泛的病原微生物有:苏云金杆菌、白僵菌、绿僵菌、棉铃虫核多角体病毒和颗粒体病毒等。

微生物杀虫剂实际上就是一种能够引起害虫的病害大流行的传播剂,造成大量的害虫得急性传染病死亡。因为害虫从受微生物杀虫剂感染到死亡,需要2～3天的时间过程,所以不像化学杀虫剂的杀虫效果来的那样快速,但是微生物杀虫剂的最大优点是:微生物本身能长时间地在环境中存活,并能借助风、雨、和寄主天敌等因素传播。引起害虫病害的大流行,喷药后在一定的时间内,时间越长死虫越多,而且每条死虫都是一个很好的传播源,因此它的后期防效较好。另外,微生物杀虫剂大都对其他生物一般无害,不杀伤天敌,无残毒,不污染环境,而且生产简便,价格低廉,不易与其他化学杀虫剂产生交互抗性,是未来农作物病虫害防治中的首选药剂。

微生物杀虫剂大部分是通过活体微生物在害虫体内的繁殖引起害虫病害流行来起到防治效果的,因此强紫外线的照射,过于干燥的气候条件，都会影响其防治效果。所以，使用时要注意以下几点：

第一，喷药时间较常规化学农药的喷药时间要提早。比常规化学农药的喷药时间要提早 2～3 天，以田间落卵高峰期为好，以便使刚孵出的幼虫就能感病，从而提高防效。

第二，使用浓度要高，一般化学农药的使用浓度为 1 000～2 000倍液，但使用微生物杀虫剂时，一般的使用浓度为 150～200 倍液为宜（如 Bt 制剂）。

第三，用药次数要多，在病虫害发生期每隔 3 天喷 1 次，连喷 2～3 次。

第四，喷药时间以下午 4 时以后或在阴天喷药较好，以避开强紫外线的照射，减少活体微生物的死亡率，保证防效。

第五，喷药部位要准确到位，均匀周到。

3. 化学农药田间使用技术　利用化学农药防治田间病虫害，是当田间病虫害的种群密度发生到一定程度，超出天敌的自然控害能力，其危害损失超出经济允许水平范围以后，所采取的一种补救措施。但在病虫害综合防治技术中，因其具有速度快，效果好，经济效益显著等特点，所以至今仍然是及时控制病虫害发生蔓延的最有效的重要措施。

使用化学药剂防治农作物病虫害是人类社会文明发展的一大标志。但是，如果不合理的滥用农药，也会给人类的生活和整个生存环境带来严重的损害和影响。如污染环境，杀伤天敌，破坏自然生态平衡，造成人、畜中毒和病虫对农药产生抗性等一系列问题。

因此，在应用化学农药防治病虫害时，了解和掌握田间化学农药的使用技术，避免和克服化学农药在病虫害防治过程中的缺点，科学合理地应用，才能达到更好、更经济有效地控制病虫危害之目的。实践证明，掌握以下几点，是搞好化学农药防治的关键。

（1）科学选用农药　首先要按照国家政策和有关法规的规定

选择农药。严禁选用国家明令禁止生产、使用的农药。选择限制使用的农药应按照有关规定,不得选择剧毒、高毒农药在蔬菜、茶叶、果树、中药材等作物上使用。另外,要根据防治对象的不同选择合适的农药品种。当前在农作物病虫害防治中使用的农药品种繁多,防治对象各异。就其作用方式而言,有胃毒剂、触杀剂、内吸剂、熏蒸剂等。就防治对象而言,有杀虫剂、杀菌剂、杀螨剂、除草剂等。特别是除草剂,在棉田使用不当或错误使用后,会给棉花生产造成不可弥补的惨重损失。因此,在使用前,一定要弄清楚农药的种类,防治对象和使用方法后,再严格按照使用说明书上的要求和提示使用。

①触杀剂 药剂和害虫的表皮及跗节接触后,渗入虫体内,到达作用部位,使昆虫中毒死亡的作用方式叫触杀。也就是说,喷洒的农药必须和虫体接触后,才能使害虫死亡的药剂叫触杀剂。如辛硫磷、马拉硫磷、溴氰菊酯等农药为触杀剂。在使用触杀剂时,一定要把药液喷洒的均匀周到,保证使虫体能够接触到药液,才能保证防治效果。

②内吸剂 内吸剂是农药通过植物的根、茎、叶吸收后,随着植物体液的蒸腾传导,使植物的体液带毒,当害虫吸食带毒的植物体液后中毒死亡。内吸剂的主要防治对象是具有刺吸式口器,靠吸食植物体液危害作物生长的害虫种类:如棉蚜、红蜘蛛、棉蓟马、棉盲蝽、棉粉虱等害虫。在使用内吸剂杀虫剂时,首先要根据植物对农药的吸收部位,采用不同的施药方式。对茎秆部位吸收的内吸剂,一般采用涂茎或茎秆包扎等方法。对根部吸收的内吸剂,则通过撒毒土、根区施药或浇灌等方法进行土壤处理。也可通过叶面喷雾进行防治。常用的内吸剂有水胺硫磷、乐果、氧化乐果等。

③胃毒剂 胃毒剂是必须经过害虫口腔取食后,经过肠胃消化才能引起中毒死亡的化学杀虫剂。它的杀虫效果与杀虫剂的毒力水平以及药剂在植物表面上的沉积密度和均匀程度有关。如果杀

虫剂的毒力水平很强，毒性很高，害虫吃一点就会死亡。如果毒性低、毒力弱，则害虫需要取食大量药剂才能中毒死亡。但是，毒性高，毒力强的杀虫剂，往往对人、畜、天敌和环境危害也较大，现在国家已经明确规定对甲胺磷、对硫磷、甲基对硫磷等五种高毒、剧毒农药全面禁止使用，以保证对人、畜、天敌和生态环境的安全。所以，使用胃毒剂时，一定要选用对人、畜、天敌和环境危害较小的中低毒药剂，同时在病虫害防治过程中，一定要用足药液量，喷洒均匀周到，才能保证防治效果。

④熏蒸剂 熏蒸剂都具有很强的气化性，使农药成气体状态与害虫接触后，引起中毒死亡。熏蒸剂主要是从害虫的呼吸系统进入虫体，常需要在密闭的环境中使用。

(2)正确掌握用药适期　用药适期是保证防治效果的必备条件。尤其是棉铃虫的田间第一次用药适期十分关键。用药适期选择准了，第一次施药以后，中间间隔 3 天用 1 次药，即每 5 天喷 1 次药，田间也找不到几头虫，防治效果很好。如果第一次用药适期选择不好，就是每隔 1 天喷 1 次药，即 3 天 2 头喷药，田间害虫也不减少。田间第一次用药适期的选择标准是，一般情况下，当田间有 50%的棉铃虫卵变成黑褐色时，就应该立即喷药防治。或者是棉田棉铃虫卵急增期的第 3 天，就是棉田防治棉铃虫第 1 次用药的最佳时期。

(3)正确掌握喷药时间　一般棉田病虫害防治的喷药时间应掌握在上午 9 点之前，下午 5 点以后喷药为好。一是因为这个时间段是害虫在棉株上的活动时间，药液容易命中靶标。二是此时阳光的照射强度相对较弱，药液蒸腾较慢，防治效果好，喷药人也不易中毒。

(4)科学轮换用药　科学轮换用药可以减缓害虫对农药产生抗药性的速度。

5. 化学农药混合使用原则 农药的混合使用，可以扩大防治对象的范围,起到一次用药防治多种病虫害的效果,减少田间施药次数,既节省人力、物力,又能减轻对环境的污染程度。有些农药混合使用后还能起到增效作用,同时可以延缓和克服病虫害抗药性的发生和发展。如微生物杀虫剂和适量的化学药剂混用,可起到相互取长补短的作用,加快微生物杀虫剂对害虫的击倒速度,提高药效,又可延长化学药剂的持效期,同时还能拓宽防治对象,取得1次施药,兼治多种病虫害的作用。

目前,农药混合使用的方法有两种,一是由农药生产厂家用两种以上农药的有效成分按比例生产成复配农药品种,重新定名后上市销售;另一种是以单剂成品农药按一定比例现混现用。由于各种农药的有效成分不同,理化性能各异,并不是所有的农药都能随手拿来,任意混配使用的。如果混配不合理,不仅起不到增效作用,反而会降低药效,甚至产生药害。所以,在混配使用农药时,一定要掌握以下几个原则:

第一,碱性农药和酸性农药不能混合使用,如石硫合剂和波尔多液一般不要和其他农药混合使用。

第二,杀菌剂一般不要和微生物杀虫剂混合使用。否则,杀菌剂会把微生物杀虫剂里的微生物杀死,降低杀虫效果。

第三,混合后出现颗粒状沉淀或产生絮状物的药剂不能混用。

第四,混用后使农作物产生红叶或烧叶等药害现象的不能混用。

第五,混用后不能增加对人、畜和天敌的毒性。

三、转基因抗虫棉田和普通棉田主要病虫害发生种类的区别

20世纪80年代,随着地膜棉和夏播棉种植面积的扩大以及化学农药的长期大面积应用,棉铃虫成为普通棉田的主要害虫。

所以，普通棉田的害虫防治以棉铃虫为主，兼治棉蚜、红蜘蛛等其他害虫。据国家有关部门统计，每年因各种虫害造成的棉花产量损失15%～20%，年皮棉损失量达60万～80万吨。1990年，仅河北省虫害直接经济损失达1亿元之多。90年代以来，随着农田生态环境的改变，优化了棉铃虫的生存条件，从1992年开始，棉铃虫在全国大爆发，在棉田和其他作物田连续3年持续特大发生，给我国的棉花生产带来严重影响。是棉花产量蒙受很大的损失。据统计，1992年河北、河南、山东、山西、陕西、辽宁、江苏、安徽和湖北9省棉区，棉铃虫在各类作物田累计发生面积2 000多万公顷，其中棉田达1 000多万公顷，直接经济损失50亿元以上。使得棉铃虫成了举国上下，妇孺皆知的农田害虫。

为了控制普通棉田内棉铃虫的持续特大发生危害，1995年，河北省引进了转Bt基因抗虫棉品种。因为转Bt基因抗虫棉主要是针对棉铃虫而研究培养出来的一种抗虫棉品种。这种棉株本身含有一种专门毒杀棉铃虫、红铃虫以及棉大卷叶螟和棉小造桥虫等鳞翅目害虫的转基因抗虫杀虫蛋白基因，棉铃虫幼虫取食该棉株上的棉叶，就会中毒死亡。所以，棉铃虫也叫转基因抗虫棉的靶标害虫。但是，转基因抗虫棉里的转基因杀虫蛋白基因对棉蚜、红蜘蛛、棉蓟马和棉盲蝽象等害虫并没有毒杀作用，所以棉蚜和红蜘蛛等害虫也叫非靶标害虫。而且，随着转基因抗虫棉田内棉铃虫防治时间的推迟和用药次数的减少，对棉蚜、红蜘蛛、棉蓟马等害虫的兼治作用也随之减少，这些害虫的危害逐渐加重，上升为转基因抗虫棉田内的主要害虫。

因此，转基因抗虫棉田的主要害虫不是棉铃虫，而是棉蚜、红蜘蛛、棉蓟马、棉盲蝽等非靶标害虫。在防治中也应该以棉蚜、红蜘蛛、棉蓟马、棉盲蝽等非靶标害虫为主要防治对象，兼治棉铃虫、红铃虫等鳞翅目害虫。

另外。转基因抗虫棉品种本身还具有苗期长势弱和抗枯、黄萎病能力差的特点,所以在一般情况下,转基因抗虫棉田的苗病和枯、黄萎病比普通棉田发生较重。

四、转基因抗虫棉田害虫的发生规律及危害特点

(一)棉铃虫发生规律及危害特点

通过田间调查研究结果证明,转基因抗虫棉对棉铃虫在棉株上的产卵数量并不会造成影响,也就是说棉铃虫的雌蛾在产卵时并不知道转基因抗虫棉株是有毒的,它们照样在这些棉株上产卵,而且卵量还很多。据棉田多点系统调查,在2代棉铃虫发生期,转基因抗虫棉田100株棉花上的累计落卵量比普通棉田多216～274粒,比普通棉田的100株累计卵量高30%～38%,但是在转基因抗虫棉田却很少能找到棉铃虫的幼虫。这说明转基因抗虫棉对2代棉铃虫幼虫具有很强的杀伤力和控制作用。

据试验表明,在棉花全生育期1次杀虫剂也不喷施的转基因抗虫棉田,2代棉铃虫幼虫的存活率很低,棉铃虫的幼虫孵化出不久,就有98%以上的幼虫死去,剩下1～2头即使存活下来,也出现生长发育不良现象,对棉花的顶尖、幼蕾和叶片不会造成大的危害。所以,在一般情况下,转基因抗虫棉田内的2代棉铃虫基本上不用喷药防治。但是到3,4代棉铃虫发生期,转基因抗虫棉田内的棉铃虫幼虫数量则明显增多,而且,每100株棉株上的三至五龄大龄幼虫数量高达20～40头,说明转基因抗虫棉随着棉株的生长发育,对棉铃虫的杀伤力和控制作用大幅度下降。因此,大面积种植转基因抗虫棉以后,仍要注意对3,4代棉铃虫的监测和防治。

在田间调查研究发现,在棉区初引进种植转BT基因抗虫棉时,棉铃虫在转基因抗虫棉株上的危害症状也和普通棉株上的不一样,它的症状表现有以下几个特点:

第一,棉铃虫在转基因抗虫棉株上的危害症状比较隐蔽,不容易被人们发现,比如,普通常规棉株上的幼蕾被棉铃虫危害后,幼蕾的苞叶会张开、变黄、随后脱落。而在转基因抗虫棉株上的受害幼蕾却没有这种现象,受害幼蕾仍然是绿色、完好的小三角状,牢固的生长在果枝上。当剥开仔细查看时,才能发现棉蕾已被棉铃虫危害。这个棉蕾已经成为无效蕾,不能再开花结铃了。

第二,转基因抗虫棉株上的花朵受害后,也不像常规棉株上的受害花朵那样,花瓣被吃,潮湿、腐烂并存有大量的虫粪。而是有的花朵开得很好,花瓣完好无损,花中央却爬着一条又白又胖的大个棉铃虫幼虫。有的花朵则像自然开败的干花,撕开后,会发现里边的棉铃虫幼虫。

第三,转基因抗虫棉株上的受害棉铃则表现为蛀孔小、圆、而且很整洁,没有大量的虫粪排出,虫孔和幼虫都在不易看到的苞叶内,就像正常的棉铃一样,必须把苞叶剥开,仔细检查才能发现。

由于棉铃虫在转基因抗虫棉株上存在这些危害特点,所以在田间调查时往往被人们所忽视,在3、4代棉铃虫发生期,早期田间不见虫,当后期棉铃虫长大后发现时,再进行喷药防治,为时已晚,影响防治效果,给测报和防治工作都带来一定的影响和困难。因此,在棉区初引进种植转Bt基因抗虫棉时,必须加强专业技术人员的预测预报,注意在3、4代棉铃虫卵孵化高峰期,适时指导棉农进行化学药剂防治。

(二)棉蚜、红蜘蛛等非靶标害虫的发生规律及防治特点

我们经过1997年和1998年两年在转基因抗虫棉田大面积普查和田间定点系统调查结果表明,转基因抗虫棉田棉蚜、红蜘蛛、棉蓟马、棉盲蝽和美洲斑潜蝇的发生危害程度明显重于常规棉药剂防治田。而且部分地块较重,对棉花产量有较大的影响。

如1998年在冀南棉区的转基因抗虫棉“新棉33B”棉田适时

防治棉蚜、红蜘蛛等非靶标害虫的地块,平均每667平方米籽棉产量都在300～350千克左右,而一次杀虫剂也没有用过的转基因抗虫棉田,平均每667平方米籽棉产量只有250千克左右。减产幅度达16.7%～28.6%。一般情况下,5月下旬至6月上旬是棉蚜、红蜘蛛和棉蓟马等害虫的发生危害期,6月下旬至7月上旬是美洲斑潜蝇发生危害期。7月中下旬至8月中下旬是棉花伏蚜、红蜘蛛、棉盲蝽和棉小象鼻虫以及3代棉铃虫的混合发生期。但是,由于转基因抗虫棉田2代棉铃虫发生期间基本上不用使用化学药剂防治,改善了农田生态环境,从麦田转移过来的大量天敌如瓢虫、草蛉、蚜茧蜂以及食虫蝽和捕食性蜘蛛类等天敌对转基因抗虫棉田内的非靶标害虫起到了很大的自然控制作用。

(三)转基因抗虫棉田昆虫生态系统消长规律

在各种棉花病虫害的防治技术中,转基因抗虫棉的研究和应用取得了飞速发展,1996年在美国进入商品化应用。1995年,我国河北省引进的转基因抗虫棉"新棉33B",经过1995～1996两年的试验、示范,证明该品种对棉铃虫具有较强的抗虫表现和控制作用。1997年在全省进行了4 730多公顷的大面积示范,1998年在全省推广种植面积80多万公顷。到目前为止,冀南棉区90%以上种植的均为转基因抗虫棉品种。

随着转基因抗虫棉的大面积种植,田间棉铃虫防治时间的推迟和用药次数的减少,已经引起了转基因抗虫棉田内非靶标害虫的加重发生和危害,甚至出现新的昆虫种群,从而导致以转基因抗虫棉为基础的棉花害虫和天敌种群的消长规律发生改变,给棉花害虫的预测预报和防治技术指导带来新的困难和问题。为了解决大面积种植转基因抗虫棉以后棉田病虫害的防治问题,1997年和1998年连续两年对转基因抗虫棉田内的昆虫生态及消长规律进行了系统的调查研究。调查结果表明,转基因抗虫棉田的昆虫种类和有益生物明显高于不抗虫的常规棉田。

①转基因抗虫棉田有昆虫 31 种，其中有益的天敌昆虫有 23 种，占昆虫种类的 71.2%，不抗虫的常规棉田有昆虫 14 种，其中有天敌昆虫 5 种，占昆虫种类的 35.7%。

②随着转基因抗虫棉田对棉铃虫防治时间的推迟和用药次数的减少，棉蚜、红蜘蛛、棉蓟马和美洲斑潜蝇等非靶标害虫的发生危害加重，将成为转基因抗虫棉田的主要测报防治对象。

③转基因抗虫棉对 2 代棉铃虫有较强的控制作用，基本上不用防治，但对 3、4 代棉铃虫和甜菜夜蛾的抗性较差，必须加强监测，根据发生情况，适时进行喷药防治。

瓢虫是棉田害虫的主要天敌种群，调查结果显示，转基因抗虫棉对瓢虫安全无害，而且由于减少了田间化学农药的使用次数和剂量，改善了农田生态环境，天敌种群数量明显增加。转基因抗虫棉田平均 100 株的瓢虫数量是常规棉防治田的 4～10 倍，提高了天敌的田间自然控害能力。

这一研究结果为制定转基因抗虫棉田病虫害的预测预报和防治技术指导工作提供了科学依据。

(四)对转基因抗虫棉田内非靶标害虫的防治原则

1. 由于转基因抗虫棉田里天敌的种类和数量比不抗虫的常规棉田多 3～10 倍，所以在防治其他害虫时，首先要查看棉田内害虫和天敌数量的比例，如果能达到 120 头蚜虫有 1 头瓢虫或草蛉等天敌时，或者棉叶上的蚜虫大部分都变成小谷粒或被蚜霉菌寄生时，就不要急于进行喷药防治，此时棉蚜不会给棉花的生长造成危害。这样做既减轻了喷药的劳动强度，又节省了买农药的费用开支，同时还能保护天敌继续控制棉田害虫的危害，这就叫做后效应。如果不查看虫情，盲目用药，既浪费了人力、物力，增加了防治费用，又杀伤了大量的天敌，剩下那些未杀死的害虫，在没有天敌捕食的情况下,会很快的繁殖起来继续危害。

2. 当害虫的数量大大超过天敌的捕食能力时,也就是害虫的数量超过天敌捕食上限时,就应该进行喷药防治。但是要选择用药的种类和方法。首先应该选择那些只杀伤害虫不杀伤天敌的生物制剂,或对天敌杀伤作用较小的高效低毒化学农药。如目前对棉蚜防治效果较好的吡虫啉制剂,防治红蜘蛛和美洲斑潜蝇效果较好的药剂有阿维菌素系列的克螨灵和螨虫清等,防治棉铃虫可用除虫脲类杀虫剂20%敌灭灵悬浮剂1 000～2 000倍稀释液喷雾,或用硫丹、抑太保、卡死克(每667平方米用5%乳油75～100毫升)对水喷雾。

3. 如确实需要在转基因抗虫棉田使用对天敌杀伤作用较大的化学农药时,应采用隐蔽用药措施。如在棉株垄内沟施内吸剂大功臣、吡虫啉等药剂防治棉蚜、红蜘蛛等害虫,或采用涂茎、滴心等措施防治。

总之,通过综合利用转基因抗虫棉的抗虫性,田间天敌的自然控害能力和科学用药措施,达到节约防治费用,提高防治效果,进一步改善农田生态环境,提高棉花产量,棉农增收增效之目的。

第七章　棉田害虫天敌的保护和利用

害虫天敌是指那些以农田害虫为食物来源或寄主的食肉性、寄生性昆虫和那些能够引起害虫病害流行的病原菌等有益生物。在大自然中，害虫的天敌种类和数量很多，是自然控制害虫发生危害的重要因素。它们常常无声无息的在田间消灭害虫，是农作物的自然卫士。但由于近年来在大量使用化学农药防治害虫的同时，也杀伤了大量的天敌，破坏了农田昆虫的生态平衡，致使有些害虫因失去了天敌的自然控制作用而猖獗发生危害。

大面积种植转基因抗虫棉以后，棉田的天敌种类和数量有了明显的增加。有调查研究表明，转基因抗虫棉田有天敌种类 23 种，比常规棉田的 5 种多了 18 种，是常规棉田的 4.6 倍。所以，我们在防治抗虫棉田的害虫时，一定要注意保护和利用天敌，充分利用天敌的自然控害能力。从天敌对害虫的控制作用方式，人们把天敌分成寄生性天敌昆虫、捕食性天敌昆虫和微生物天敌 3 种类型。

一、寄生性天敌

寄生性天敌昆虫就像人体里的寄生虫一样，幼虫在害虫的身体里取食、生长，直到把虫体内的营养吃光，把害虫吃死。农田内常见的寄生性天敌昆虫有蚜茧蜂、棉铃虫唇齿姬蜂、侧沟茧蜂、多胚跳小蜂和赤眼蜂等。其中芽茧蜂主要寄生棉蚜和麦蚜，赤眼蜂主要寄生棉铃虫卵、其他主要寄生棉铃虫的幼虫。

(一)蚜茧蜂

蚜茧蜂属于膜翅目,蚜茧蜂科。蚜茧蜂的种类很多,有麦蚜茧蜂和棉蚜茧蜂等。蚜茧蜂科的所有种类都是蚜虫体内的寄生蜂。被寄生的蚜虫身体僵硬,鼓胀,像一颗颗小谷粒,俗名叫僵蚜(图69)。据调查,在没有用药剂防治过的转基因抗虫棉田内,苗蚜芽茧蜂的寄生率高达76%～80%,而用药剂防治过的转基因抗虫棉田内,蚜茧蜂的寄生率只有1%左右。活蚜虫的数量却比没有用药剂防治的转基因抗虫棉田高44%。

蚜茧蜂是一种小型寄生蜂,体长只有1.5～3毫米,颜色多为褐色或黄褐色。蚜茧蜂的成虫在羽化后的当天就能进行交尾产卵。卵大都产在蚜虫的体内,为单寄生,1头蚜虫体内只有1头寄生蜂。有翅蚜、无翅蚜、成蚜和若蚜都能被寄生。但在蚜群中,蚜茧蜂常选择2～3龄的若蚜产卵,蚜茧蜂的卵很小,卵期很短,只有几个小时就能孵化。幼虫为蛆形,共有4个龄期,幼虫期一般为5～8天。幼虫老熟后就在蚜虫体内吐丝、结茧,化蛹。蛹期2～10天。成虫羽化时在僵蚜的肚子旁边咬一圆孔,从孔中爬出。成虫羽化的时间多集中在上午10时至下午2时。成虫有趋光性,用黑光灯很容易就能诱集。

蚜茧蜂1年能发生20～30代,在北方以老熟幼虫或蛹在僵蚜体内越冬。棉田内芽茧蜂的寄生率前期偏低,后期偏高,常伴随着蚜虫数量的上升而增加。

(二)棉铃虫寄生蜂

棉铃虫的寄生蜂主要有齿唇姬蜂、侧沟茧蜂、多胚跳小蜂和赤眼蜂等。

1. 齿唇姬蜂 棉铃虫齿唇姬蜂(图70)主要在三龄前棉铃虫的幼虫体内寄生,寄生蜂的幼虫在棉铃虫体内取食,能把棉铃虫幼虫的表皮吃光。被寄生的棉铃虫幼虫，取食量1天比1天减少，体长缩短，活动减弱，体色由黄变浅，发亮。寄生蜂临出蜂的前2天，能在被寄生的棉铃虫表皮透明处看到体内的活动幼虫。1头棉铃虫只能出1个蜂茧，为单寄生。

齿唇姬蜂是华北棉区棉铃虫幼虫寄生性天敌的优势种群。在华北棉区1年可发生8代，即在每1代棉铃虫的发生期能发生2代，1头雌蜂能产卵140多粒，多的能产370多粒。黄河流域棉区一般年份对棉铃虫的寄生率达20%～40%，因此，对三龄以前棉铃虫幼虫的控制作用很强。

2. 侧沟茧蜂　侧沟茧蜂(图71)体型较小，只有3毫米左右，黑色，茧呈纺锤形，浅绿色，长4.5毫米。质地较硬，羽化孔在茧的一头。侧沟茧蜂在全国各产棉区都有发生，是棉铃虫、棉大卷叶螟、棉小造桥虫等鳞翅目害虫的寄生性天敌，是华北棉区的优势种群之一。

该虫在华北棉区1年发生7～8代，对棉铃虫的一至三龄幼虫都能寄生，其中以二龄幼虫最适合寄生。侧沟茧蜂除对暴露在外边的棉铃虫产卵寄生外，还能钻到叶子下面寻找隐蔽的棉铃虫产卵寄生。1头雌蜂平均能产子蜂28.9头，多的能产40头以上。对棉铃虫的平均自然寄生率达22%左右。自然条件适合时，寄生率可达50%以上。棉铃虫幼虫被侧沟茧蜂寄生后，一开始出现短时间的滞呆表现，随后恢复正常状态，2～3天以后，取食量减少，4天后基本停止取食，活动缓慢，爬到隐蔽的地方静伏不动，失去危害能力。

3. 多胚跳小蜂　多胚跳小蜂属膜翅目，跳小蜂科，多胚跳小蜂属。是寄生棉铃虫卵和幼虫的天敌。多胚跳小蜂成虫体长1毫米左右，黑色有光泽。幼虫为乳白色小蛆。棉铃虫的幼虫被多胚跳小蜂寄生后，一开始在外表上看不出来，老熟后变成金黄色的“U”字形僵虫，虫皮坚硬(图72)。折断僵虫，能看见成块的乳白色小蜂连在一起。

多胚跳小蜂 1 年发生 1 代,以幼虫在僵虫体内越冬。4 月初开始化蛹,4 月底至 5 月初开始羽化,飞到麦田寻找棉铃虫幼虫产卵寄生。它产的卵能在寄住体内进行胚子分裂,1 粒卵能发育成 2 个或 2 个以上的个体,多的能分裂成上千个活体,各自发育成幼虫,在棉铃虫幼虫体内生长发育,直至老熟。被寄生后的棉铃虫幼虫取食量不但不减少,反而增加。但是,被寄生后的棉铃虫幼虫不能化蛹羽化,能有效地减少棉田 2 代棉铃虫的虫源基数。

4. 赤眼蜂 赤眼蜂属膜翅目,赤眼蜂科,能寄生棉铃虫卵的有拟澳洲赤眼蜂和玉米螟赤眼蜂两种。赤眼蜂体粗短,体长一般小于 1 毫米,是最小的昆虫之一。拟澳洲赤眼蜂雄虫体色暗黄,中胸盾片和腹部黑褐色。玉米螟赤眼蜂成虫的身体为黄色,前胸背板和腹部为黑褐色。赤眼蜂对 2,3 代棉铃虫卵的寄生率较低,对 4 代棉铃虫卵的寄生率较高。一般在 19%～38%之间,高的能达到 65%。对压低虫源基数有很好的作用。

二、捕食性天敌

捕食性天敌昆虫以捕食的方式取食和消灭害虫,主要有瓢虫类、草蛉类、食虫蝽类和捕食性蜘蛛类。

(一)瓢 虫 类

瓢虫俗名叫“花大姐”。属鞘翅目,瓢虫科。瓢虫的种类很多,个体的大小差别也很大。小的只有 1 毫米左右,大的在 13 毫米以上。分肉食性和植食性两大类,其中肉食性瓢虫占瓢虫种类的 82%,而且肉食性瓢虫大部分是以害虫为食物的,所以,瓢虫是很重要的天 敌昆虫。在控制农作物害 虫的发生消长中起着重要的作用，捕食棉铃虫和幼虫的瓢虫种类主要有龟纹瓢虫、七星瓢虫和异色瓢虫等。

1. 龟纹瓢虫　龟纹瓢虫(图 73)的体型较小，成虫体长 3.8～4.7 毫米，宽 2.7～3.2 毫米，鞘翅表面光滑，没有毛，黄色至橙黄色，长有龟纹状黑色斑纹。灰褐色，幼虫体狭长，体长 6 毫米左右。

该虫 1 年发生 7～8 代。以成虫聚集在土坑或石头缝里越冬。翌年 3 月份开始活动。龟纹瓢虫主要以蚜虫为食物来源。其中以棉蚜为主，其次为麦蚜、玉米蚜、菜蚜以及棉铃虫的卵和幼虫等，凡是早春有蚜虫的地方，都有龟纹瓢虫的存在。成虫和幼虫的爬行速度很快，捕食能力很强。1 头成虫 1 天能取食蚜虫 90 多头，一至三龄幼虫 1 天也能捕食蚜虫 80 多头。在食物短缺的时候，成虫和幼虫都有自相残杀的习性。龟纹瓢虫对环境条件的适应性很强，能耐高温。所以，在全国南北各棉区都有分布。每年的 5 月上旬，随着棉田棉蚜的发生，迁移到棉田取食、产卵，卵多产在有蚜虫的棉叶背面或蕾、花、铃的苞叶上，常常几粒竖在一起，卵期 2～4 天。龟纹瓢虫在棉田内 1 年有 3 次发生高峰，分别为 5 月中下旬、6 月中下旬和 7 月中下旬。其中，以 6 月份的种群数量最大。

龟纹瓢虫的成虫和幼虫都能捕食棉蚜、棉铃虫的卵和幼虫。1 头瓢虫 1 天能捕食棉铃虫卵 40 多粒，捕食一龄幼虫 50 多头。龟纹瓢虫白天活动迅速敏捷，黑夜很少活动，早晨太阳出来以前，大部分都爬在棉株中上部的枝叶间，等太阳出来以后才开始寻找食物。龟纹瓢虫的特点是：耐高温，繁殖力强，种群数量多，在棉花的整个生育期都能大量发生，对棉花中后期害虫的控制作用较强。

2. 七星瓢虫　七星瓢虫(图 74)的体型较大，成虫体长 5～7 毫米，虫体卵圆形，成半球状拱起，身体背面光滑没有毛，头部和前胸背板为黑色，鞘翅红色或橙黄色，上面有 7 个黑色圆斑。幼虫为蓝色，有白色和红色斑纹，幼虫体长 4～11 毫米，灰黑色，每体节下着生 6 个黄色刺疣。蛹体长 7 毫米，体色为黄色，前胸背板的前缘有4个黑点,后缘中央有2个黑点,后侧角各1个黑斑,中胸背有2个黑点。翅芽后缘端部黑色,后胸部有2个黑斑。

七星瓢虫1年可发生4～5代,以成虫在小麦、油菜、苜蓿等地的土块、土缝及枯枝落叶下越冬,没有群聚性。由于其越冬场所和生活环境的不同,其早春活动产卵的时间差异也很大,所以世代重叠现象较重。从早春2月下旬开始产卵,到3月下旬至4月初进入产卵盛期,5月上旬第一代幼虫老熟化蛹,5月上旬第一代成虫羽化,与越冬代成虫混合发生,少数迁飞到棉田,大部分仍在麦田产卵,6月上中旬第二代成虫羽化,随即转迁到棉田。在棉田繁殖1～2代,到6月下旬,又迁飞到玉米、高粱等作物上。7～8月份繁殖一代,其数量很少。9～10月份在豆类、蔬菜作物上再繁殖一代,数量稍有增加,11月中下旬即在麦田、油菜、苜蓿等作物田的土块、土缝及枯枝落叶下越冬。

七星瓢虫的成虫和幼虫都能捕食各种蚜虫和鳞翅目昆虫的卵和初孵幼虫,但最喜爱以麦蚜、棉蚜、菜蚜和玉米蚜为食料。据西北农学院室内测定,第一代成虫每天捕食棉蚜154头,一至四龄幼虫每天的食蚜量分别是5～15头、6～25头、4～30头和10～110头。食料不足时,成虫和幼虫都有互相残杀习性。

七星瓢虫的寿命较长,一般为1个多月,越冬代的寿命可长达7～9个月。成虫可多次交尾,交尾后4～5天开始产卵,产卵期约1个月,越冬代成虫可长达3～4个月,这也是七星瓢虫世代重叠的原因之一。1头雌成虫一生能产卵1 000～2 000粒。成块状产卵,每块15～46粒不等。春季的卵多产在土块下或落叶、蒿秆上,夏季多产在棉叶背面蚜虫多的地方,成虫有假死性。越冬代产卵最多,2、3代产卵量明显减少,约有20%的个体处于生殖滞育状态,一生不产卵。这就是平原棉区夏季七星瓢虫种群数量下降的原因之一。

七星瓢虫生活繁殖的适宜温度为22℃～25℃,相对湿度为

75%。超过27℃时不利于其生长发育，30℃以上则大量死亡。越冬期间气温在5℃～-5℃，湿度75%～80%时，寿命最长。3～4月间气温稳定上升，旬降雨量5～10毫米，有利于产卵繁殖。5月份若遇晴天天气，在上午8时左右，下午的5时左右，七星瓢虫多在麦株的上部活动取食，上午10时至下午2时则躲在麦株的下部或地面活动。阴天则全天在麦株上部活动。

蚜虫数量的多少与七星瓢虫种群数量的大小有着密切的关系。当年油菜田、麦田、苜蓿以及秋播豆类上的蚜虫发生早，数量多，有营养丰富的蚜虫取食时，七星瓢虫的产卵量就特别多，发生量也会相应的增大，则预示着苗期棉蚜发生轻或下降早，甚至不发生。

3. 异色瓢虫　异色瓢虫是仅次于七星瓢虫、龟纹瓢虫的一种重要的捕食性天敌之一，广泛分布于各棉区。

异色瓢虫（图75～77）成虫体长5～8毫米，身体卵圆形，鞘翅背面的颜色和斑纹变化很大。头部橙黄色或橙红色，有的全部黑色。前胸背板上色浅而且有个“M”形黑斑，向深色型变化时，黑色部分扩大相连直到中部为黑色。仅两侧色浅。在向浅色型变化时，“M”形黑斑的黑色部分缩小而留下4个黑点或2个黑点。小盾片橙黄色至黑色，鞘翅上各有9个黑斑。向深色型变化的时候，斑点相连成网形斑，或者鞘翅黑色而各有6个、4个、2个或1个浅色斑，甚至全部为黑色。向浅色型变化时，鞘翅上的黑点部分消失或者全部消失，甚至鞘翅全变成橙黄色。腹面的颜色也有变化，浅色型的中部黑色，外缘黄色；深色型的中部黑色而其余部分为褐黄色。在鞘翅的近末端有一个明显的横脊痕，是异色瓢虫种类鉴定的重要特征，即常说的“黄斑万变不离脊”。

发生规律：异色瓢虫以成虫集群状态在背风向阳的石洞、石缝、屋檐、窗帘、墙角或其他缝隙中越冬。1年发生6～7代，最后一代于11月份飞到越冬场所群集越冬，翌年的3月下旬至4月上旬开始活动,陆续迁飞到花椒树,果树及油菜田等有蚜虫、介壳虫的地方活动。5月上旬为第一代成虫羽化期,陆续迁往麦田或棉田大量繁殖。成虫羽化后约经过5天时间的取食,才开始交尾,交尾5天左右开始产卵,产卵量随生存环境条件的变化而异,一般产卵量为700~800粒,最多可达2 000粒以上。卵块大,数量多,1块卵一般有卵30~50粒。卵期一般3~5天。幼虫孵化后先在卵壳上停息数小时,才开始取食,据测定,第一代的一至四龄幼虫对棉蚜的日取食量分别为10.5头、12头、23.5头、67.6头,成虫每头的日取食量为145.2头,1头幼虫一生的总食蚜量为574头。

4. 二星瓢虫 体长4~5毫米,身体卵圆形,头部黑色,触角黄褐色,唇基白色,上唇黑色,前胸背板黄白色而且有1个"M"型的黑斑,有时黑色部分扩大成1个大黑斑,小盾片黑色。鞘翅上的色斑变化很大,在向浅色型变化时,鞘翅上的黑斑缩小甚至消失。在向深色型变化时,鞘翅的基本颜色为黑色,两个鞘翅上共有12个浅色斑或只有4个、2个浅色斑。腹面除腹部外缘黑褐色以外,其余部分为黑色。足黑色或黑褐色,触角是额长的1.5倍(图78)。

二星瓢虫以成虫在向阳的墙缝、屋角、窗帘等处越冬。3、4月份开始活动,飞到花椒树、油菜、果树、苜蓿等多种作物和杂草上蚜虫多的地方取食繁殖,5月底至6月上旬迁入棉田,但其种群数量一直较少。据调查,一至四龄幼虫每天的食蚜量分别为4头、11头、25头和8头,成虫是82头。

5. 黑襟毛瓢虫 体长2毫米左右,长椭圆形,弧形拱起,背面密被黄白色毛。头部、触角、口器都为红褐色至黄褐色,前胸背板暗红褐色,而且中部有1个大型黑斑。小盾片黑色,鞘翅基部为红褐色,在鞘翅基部小盾片的两侧,沿鞘翅缝形成一个基部宽阔、末端瘦窄的黑斑。鞘翅的两侧也呈黑色,但色斑常有变化。浅色型的背面基色为红褐色,前胸背板基部在小盾片的前边有1个三角形黑斑,小盾片黑色。深色型的前胸背板上的黑斑扩大,仅前两角保留暗红色部分，鞘翅基缘两侧缘和鞘翅缝的两侧为黑色，仅在每1个鞘翅的中部，自后甲之后延至鞘翅末端保留暗红褐色的部分。腹面中部黑色或黑褐色，腹部末端3节常为红褐色，足红褐色至黄褐色（图79）。

6. 黑缘红瓢虫　体长6毫米，宽5毫米左右。前胸背板和鞘翅周边黑色，背面中央为枣红色。小盾片常为黑色，枣红色和黑色之间的分界线不明显。在越冬的部分个体中，鞘翅缝也是黑色。前胸背板的缘折和鞘翅缘折的外缘都是黑色，内缘红褐色。口器、触角、胸部和腹部也是红褐色，但是胸部中央颜色较深，趋于枣红色。前胸背板两侧伸出部分的刻点较粗，并有白色的短毛（图80）。

7. 深点食螨瓢虫　该虫是一种以叶螨为食料的瓢虫（图81）。主要取食棉花、玉米、苹果、豆类等作物上的叶螨，深点食螨瓢虫以成虫越冬，4月中下旬开始活动，6～7月份在棉田内较多。其种群数量的多少和棉花红蜘蛛的发生量呈正相关。雌成虫的寿命为29～62天，1头雌成虫一生能产卵50～85粒。成虫和幼虫都能取食棉花红蜘蛛的成螨、若螨和卵，成虫1天的食螨量为20多头，一生能取食成、若螨和卵共1 152头左右。幼虫一生能取食螨卵124粒和成、若螨83头。深点食螨瓢虫的卵多产在棉叶背面红蜘蛛多的地方，中午气温较高的时候，行动活泼，受到触动后迅速飞开逃跑，早晨和傍晚很少活动，如遇到惊动，会假死落地。

此外，还有梵文菌瓢虫、四斑毛瓢虫、连斑毛瓢虫、红点唇瓢虫和蒙古光瓢虫等种类。

（二）草蛉类

草蛉是多种棉花害虫的重要天敌，在棉田不但数量多，历期长，而且成虫和幼虫都能捕食棉铃虫、棉蚜、棉叶蝉等多种害虫。草蛉的种类很多，棉田常见的有中华草蛉、大草蛉、叶色草蛉和丽草蛉等，其中中华草蛉和大草蛉对控制棉田棉铃虫和棉红蜘蛛的作用最大,是棉田天敌的主要种群。

1. 中华草蛉 中华草蛉成虫体长9～10毫米,前翅长13～14毫米,后翅长11～12毫米,体色黄绿色,到10月份随着气温的下降,体色由黄绿色变成黄褐色,或者胸腹部出现紫红色斑纹,标志着进入越冬期。翌年春季气温转暖后体色再恢复绿色。

中华草蛉1年发生5～6代,越冬代成虫4月初开始产卵,4月中旬进入产卵盛期,卵期约9天左右。1头雌性中华草蛉1生能产卵250～800粒,平均产卵744粒。1天的产卵量为20～30粒。第一代幼虫期17天左右,捕食量随幼虫龄期的增加而上升。1头中华草蛉的幼虫在整个幼虫期能捕食棉蚜514头,棉红蜘蛛1368头,棉铃虫卵320粒,棉铃虫的一龄幼虫523头,二龄幼虫52头,棉小造桥虫的幼虫339头。在害虫食物缺乏的时候,有自相残杀或残食其他天敌昆虫的卵和幼虫的习性。中华草蛉是棉田中后期控制棉花害虫发生数量不可忽视的重要因素。

2. 大草蛉 成虫体长13～15毫米,前翅长17～18毫米,体型较大,体色黄绿色,胸部背面有黄色中带,头部黄绿色,有2～7个黑斑,常见的为4～5个黑斑,卵黄绿色,一般十几粒到几十粒聚集成丛,卵柄长8～9毫米,快孵化时成灰色。老熟幼虫体长12毫米左右,体型扁宽,身体背面红褐色,腹面青灰色,头部黄褐色,有3个黑斑,呈“品”字形排列,有时呈笔架状,黑斑粗大。

大草蛉在河北省1年发生3～4代,以茧在树皮壁里边或根际土壤中越冬,每年的4月中下旬开始羽化。5月下旬为产卵期,成虫喜欢在果园、大田和各种树木上捕食各种蚜虫和红蜘蛛等。一般在6～7月份棉株高大时才陆续飞到棉田产卵。1头成虫1天能捕食棉蚜160头左右,捕食棉铃虫卵44粒或一龄幼虫44头。

3. 丽草蛉 成虫体长8～11毫米,前翅长13～15毫米,身体绿色,头部有8个小黑斑,头顶有2个小黑点,触角比前翅短,黄褐色,第二节黑褐色。前胸背板两侧各有两条黑纹,中、后胸背面有褐斑但不显著。腹部全部为绿色，密生黄毛，腹端腹面则多为黑色毛。翅透明，翅端比较圆，翅痣黄绿色，翅脉上有黑毛。1只丽草蛉整个幼虫期可捕食蚜虫540头。

丽草蛉以茧在植物的枯枝落叶、树洞内、树皮下等处越冬，越冬茧于4月中下旬羽化，5月上旬产卵，卵期2.5～4天，平均3.2天。越冬代成虫羽化后多在苜蓿、小麦、油菜、果树等作物上捕食蚜虫、红蜘蛛及鳞翅目害虫的卵或初孵幼虫。到7～8月份转移到棉田捕食棉蚜、红蜘蛛、棉铃虫卵和幼虫。进入9月下旬以后，随着气温下降，棉田害虫种群下降，草蛉的食料减少，丽草蛉也随之进入越冬期。

4. 叶色草蛉　成虫(图82)体长9～10毫米，前翅长12～13毫米。成虫身体和翅为黄绿色，前翅的前缘横脉列只有靠近亚前缘脉的一端为黑色，其余全为绿色，头部有9个黑褐色斑点。幼虫体长7毫米左右，体背面暗褐色，头部有6个黑褐色条纹。成虫5～9月份在大田、菜地、果园、树木和草地上极为常见。春天在菜园和麦田捕食大量蚜虫。

(三)食虫蝽类

农田的食虫蝽种类很多，主要有华姬猎蝽、小花蝽、大眼蝉长蝽。它们的成虫和幼虫都能捕食害虫。

1. 华姬猎蝽　华姬猎蝽(图83)体型较大，体长8～9毫米，体宽2.2毫米，身体颜色较浅，通体草黄色，有黑色斑纹但不明显。卵为乳白色半透明的圆柱形，长1.2毫米，裸露在棉花嫩茎表面，单行排列。一、二龄的若虫身体为淡黄色，三龄若虫身体为黄褐色，四龄若虫身体为灰褐色，体长4～5.5毫米，翅芽长到第四个腹节，五龄若虫体长6～7毫米，翅芽长到第五腹节。

华姬猎蝽1年发生5代，以成虫在杂草根部或枯叶下越冬，翌年的3月份开始活动，先在麦田或油菜田繁殖1代。6月上旬至8

月下旬在棉田取食棉蚜、棉铃虫的卵和幼虫等害虫。1头成虫1天能取食棉蚜78头,棉铃虫卵34粒,一龄幼虫30头,二至三龄幼虫4头。华姬猎蝽是农田常见的天敌种群,除棉田外,在粮食、蔬菜及杂草等作物上都能看到华姬猎蝽捕食蚜虫、蓟马、盲蝽和棉铃虫等害虫的影子。

2. 小花蝽 小花蝽(图84)体型较小,体长2.2～2.3毫米,体色初羽化时为黄白色,后变成深褐色,有光泽。卵为长茄子形,表面有网纹,初产时为乳白色,有白色卵盖,外露边缘隆起,临近孵化的时候,能看见1对红色的眼点。卵一般散产在棉花嫩叶的叶柄基部和叶脉组织内。1片棉叶里一般有3～5粒卵。多的能达到10粒。若虫一般为4个龄期,少数为3龄或5龄。初孵的若虫身体白色透明,复眼鲜红,腹部第六至第八节背面各有1个橘红色斑点,纵向排成1列。

小花蝽1年发生8～9代,以成虫在麦田、油菜田、苜蓿地以及枯枝落叶和杂草堆里越冬。翌年3、4月份开始活动,在有蚜虫的小麦、玉米、豆类、蔬菜和绿肥等作物上都能看到。一般6月份小麦收获后大量迁移到棉田捕食。夏秋两季的棉花地里数量很多。9月份以后数量逐渐减少。小花蝽能用孤雌生殖和有性繁殖两种方式繁殖后代,而且产卵期长,寿命也长,所以世代重叠现象很明显。

小花蝽在棉田的活动规律和棉铃虫的发生期相吻合,一般早发棉田发生早,数量多。分别在6～9月份出现4～5个高峰期,其中以7～8月份高峰期的数量最大。这和棉花蕾铃期棉田害虫较多有关系。在棉花苗期,小花蝽多在棉花嫩尖上活动,花铃期多在蕾、花、铃的苞叶内活动。这也和棉铃虫幼虫的活动规律相一致。小花蝽的成虫常在开花植物的花内吸食花蕊的汁液和捕食棉铃虫卵。小花蝽的食性较杂,除捕食棉铃虫、金刚钻、棉红铃虫等害虫的卵粒外,还能捕食棉蚜、蓟马、棉叶蝉的若虫和棉铃虫的初孵幼虫。1头小花蝽的若虫平均1天能捕食棉铃虫等虫卵12～50粒，一龄幼虫15头，棉红铃虫卵10～23粒，幼虫10头，棉叶蝉若虫4～5头，红蜘蛛50～70头，棉蚜60头。

3. 大眼蝉长蝽　该虫为中等体型的食虫蝽(图85)，成虫体长6毫米，头部黑色，宽于前胸背板的前缘，前端呈三角形突出，前翅淡褐色，膜片透明，复眼大而突出，向后强烈斜伸。以成虫在苜蓿地和树木、杂草的枯叶下越冬。翌年早春2、3月份开始活动，行动十分敏捷，常聚集在农作物、牧草、蔬菜等低矮植物上或地面的落叶层中快速爬行，捕食蚜虫、盲蝽、棉铃虫、棉红铃虫、金刚钻和斜纹夜蛾等蛾类的卵和幼虫。待棉蚜发生后迁入棉田取食，成虫和若虫都能捕食棉蚜、盲蝽、棉铃虫、红铃虫、金刚钻等鳞翅目害虫的卵和幼虫。

4. 黑食蚜盲蝽　体长约5毫米左右，全身黑褐色，触角比身体短，第二节长，第三、第四节则显著短而细。前胸背板的胝黑色显著，环状颈片淡黄色，小盾片的三个顶角颜色较淡，中央黑色，呈倒"V"字形。前翅上有刻点，革片中央和端部外缘与楔片交界处和楔片顶角各有1个黑色大斑点，是黑食蚜盲蝽的显著特征(图86)。膜片透明，腹部黑色。若虫分5个龄期，初孵若虫暗红色，触角红白相同。五龄若虫赭褐色，全身披有长毛，前胸背板，小盾片和翅芽有云状斑，腹部红色。

黑食蚜盲蝽的成虫和若虫都以蚜虫为主要食料，但也必须吸食少量的植物汁液，才能进行良好的生长发育。6月份棉蚜发生盛期，棉田里的黑食蚜盲蝽很多，大量捕食蚜虫。7～8月份随着棉田蚜虫数量的减少，黑食蚜盲蝽也随之减少。秋季随着蔬菜田蚜虫的大量发生，转移到蔬菜田取食蚜虫。直到11月份还能见到成虫在田间活动。以成虫在蚜虫较多的苜蓿、油菜根部及其残枝落叶、草堆或土块下越冬。1年发生4～5代，早春成虫在各种有蚜虫的植物上捕食蚜虫，雌虫把卵产在植物的叶柄和嫩茎上，卵盖稍露出植物组织的表面,卵长约1毫米,卵盖椭圆形红褐色,上有较少的指状突起。

(四)捕食性蜘蛛类

捕食性蜘蛛的种类多,繁殖快,数量大,能捕食多种害虫,在自然界的分布十分广泛。而且只捕食害虫,不危害农作物,在自然条件下不容易死亡,也不受黑光灯诱杀的伤害,是农业害虫防治工作中得力的天然助手。棉田的捕食性蜘蛛主要有草间小黑蛛、丁纹狼蛛、三突花蛛、鞍形花蟹蛛、草地逍遥蛛和圆花叶蛛等。

1. 草间小黑蛛 草间小黑蛛(图87)属于微蛛科,雄虫体长2.5~3.3毫米,头部红褐色,足黄褐色,胸部黑褐色。雌虫体长2.8~3.2毫米,头胸部长卵圆形,扁平,无隆起,略有光泽。足黄褐色,背部和胸部的腹板红褐色,腹部卵圆形,紫黑色或灰褐色。卵囊扁圆形,外裹白丝,直径6~7毫米,初产卵为白色,快孵化时变成红色。

草间小黑蛛的体型虽小,但繁殖力特强,因此数量多,分布广,是棉田天敌的优势种群。草间小黑蛛有飞行的习性,这一习性有利于迁移。个体小,有利于隐蔽在作物的枝叶间或棉花苞叶内捕食害虫。草间小黑蛛以成蛛和幼蛛在麦田和蔬菜田边的土缝里越冬。3月下旬开始活动,麦收后转移到棉田生活。在长势好,害虫发生早而重的棉田,草间小黑蛛的数量往往较多。6~9月份在棉田一直保持较高的种群数量,并出现4个高峰期。它的食量大,食性广,不受某一种作物和数量变动的影响。能捕食棉田里的棉蚜、蓟马、叶蝉、红蜘蛛,以及棉铃虫、地老虎、棉小造桥虫、玉米螟等多种害虫的卵和幼虫。据调查研究,1头草间小黑蛛1天能捕食棉蚜24.3头,棉铃虫卵9粒,一龄幼虫29.1头,二龄幼虫7头,黏虫一龄幼虫36.8头,二龄幼虫16头,一至二龄棉小造桥虫的幼虫5~9头。

草间小黑蛛的卵多产在棉叶背面中脉附近或叶正面的皱褶处，卵块单产，上面覆盖一层丝被，形成卵囊，直径6～7毫米，卵粒直径1毫米左右。1个卵囊里平均有卵30多粒。卵期4～5天，初孵幼虫先群集，后分散。棉花苗期，草间小黑蛛一般多在叶背面和嫩尖内活动，6月份棉花现蕾时，则多集中在心叶丛处，结成不规则的小网，捕食棉铃虫的初孵幼虫。棉花生长中后期多在棉蕾里和铃基部的苞叶内或嫩尖上活动取食。因这些地方容易获取食物。草间小黑蛛还具有受惊动后吐丝下垂的习性，抗药性强，繁殖快，自相残杀少等优点。

2. T纹狼蛛　T纹狼蛛也叫T纹豹蛛(图88)，田间种群数量仅次于草间小黑蛛，是棉田捕食性蜘蛛的优势种群之一。属狼蛛科，体型较大，食性杂，活动范围广，捕食量大，对棉蚜、棉铃虫、盲蝽、叶蝉、地老虎和造桥虫等都有较强的捕食能力。T纹狼蛛雌蛛体长5～8毫米，雄蛛体长7～10毫米，头、胸部背面暗绿色，中央纵斑淡黄色，近似“T”字形纹，所以叫T纹狼蛛。

T纹狼蛛主要生活在麦田、棉田、豆类、谷类和玉米等作物田里，也能生活在比较干燥的草地。1年发生3代，以成蛛和亚成蛛在田埂、路边的土缝中或洞穴内越冬。抗寒能力强，活动早，在棉田活动时间长。从棉苗出土到棉花收获，田间都能保持一定的种群数量。分别在7～9月份的中下旬有3次数量高峰。卵囊灰白色，圆形略高。幼蛛孵出后，先群集在雌蛛背面护养一段时间后，逐渐下地分散到各处单独取食。幼蛛多在棉株上活动，成蛛多在地面游猎。田间种群数量的大小，常与土壤结构有关，一般土壤疏松，有机质含量高的棉田，T纹豹蛛的种群数量较大。

3. 三突花蛛　三突花蛛(图89)是蟹蛛科一种在棉田活动数量较大的游猎性捕食蜘蛛。雌蛛体长4.5～6毫米，体色变化很大，常呈绿色、白色和黄色。腹部像梨一样，前边窄后边宽，背上有红色或红棕色、银白色相间的斑纹。雄蛛体长3～4毫米，头胸部两边有深棕色纵带,头胸部边缘也是深棕色,腹部比头胸部窄一点,基本上成长圆形,腹背也有红棕色斑纹。

三突花蛛不结网,为游猎蜘蛛,耐寒性较强,白天多在棉花的枝、叶上活动,或隐藏在花丛中间猎食害虫。能捕食棉蚜、棉铃虫、棉小造桥虫、斜纹夜蛾及其他害虫的卵和初孵幼虫。1 头成蛛 1 昼夜能捕食棉铃虫一龄幼虫 90.5 头,棉铃虫卵 17～23 粒,棉蚜 11～26 头,棉小造桥虫的卵 2～7 粒,棉小造桥虫、斜纹夜蛾和其他害虫的一至二龄幼虫 2～8 头。

雌蛛多在夜间产卵,产卵后雌蛛常守护在卵囊边,保护幼蛛孵化,初孵幼蛛有群集性,先群集在卵囊内蜕第一次皮, 2～3 天以后开始爬出卵囊,分散活动。7 月上旬棉田出现大量的幼蛛,7 月中旬、8 月中旬、9 月下旬出现 3 个高峰。特别是在棉花生长的中后期,三突花蛛在花、铃、叶丛中间捕食害虫作用更大。

4. 鞍形花蟹蛛 鞍形花蟹蛛雌蛛体长 5.8～6.5 毫米,雄蛛体长 4.6～5.3 毫米,头胸部淡黄色,腹部深褐色,有数条明显的浅色横条纹,两侧有细水波纹斑,步足短粗,每一节布满黑毛和少量黑刺。雌蛛第一、第二对步足长而粗壮,有黄白色斑点,第一步足腿节的前侧面有 2 根或 4 根粗刺。雄蛛头胸部深,足较细长,腿节和膝节呈深棕色,和雌蛛有明显的区别。

5. 草地逍遥蛛 草地逍遥蛛雌蛛体长 5 毫米左右,表面黄褐色,头部颜色较白,颈沟和放射沟明显,头胸部两边为淡黄褐色,胸板黄白色,步足为黄褐色,并有褐色斑点,第二步足最长,各足的后跗节和跗节都有毛丛,腹部黄白色,整个腹部背面有许多小的褐色斑点,中央有 4 个明显的褐色肌点,两侧部位各有 1 行不规则的棕色斑点,背面中部有 2 对黑褐色斑点,后部有 3～4 条浅褐色条纹,腹部腹面黄白色,并有灰色纵形斑纹。草地逍遥蛛是棉田里数量较多,是仅次于三突花蛛的捕食性蜘蛛,草地逍遥蛛在棉田里前期数量较多,常在 4 月份棉苗出土之前就能见到幼蛛,5～6 月份为活动高峰，6～7 月份能见到大量的成蛛和低龄幼蛛，捕食棉蚜和棉铃虫的低龄幼虫。草地逍遥蛛和鞍形花蟹蛛也常活动在玉米、高粱、谷类和大豆等作物上。

6. 圆花叶蛛　圆花叶蛛雌蛛体长 4.4～7.6 毫米，头胸部深褐色，没有颈沟和放射沟，头区和眼的周围黄色，步足后跗节有1～5 对刺，胫节 2～3 对刺，前 2 对步足基节到膝节，包括胫节为黑色和黑棕色，其他各节颜色略浅，后 2 对步足腿节、膝节和胫节为深棕色。前 2 对步足显著长于后 2 对，雄蛛触肢胫节腹面外侧有 1 个指状突起，腹部背面有特殊形式的黑色斑纹，黑色斑纹的外边为黄色或红色，腹部腹面呈黑色，常在林木和果树的枝叶间捕食害虫，不结网，常折树枝做巢，在里边产卵，圆花叶蛛在 5 月份开始活动，而且活动范围广泛，在棉花、玉米、高粱和谷子上都有分布，主要捕食蚜虫，是棉田里的重要天敌种类之一。

7. 黄褐新圆蛛　黄褐新圆蛛(图 90)雄蛛体长 5～7 毫米，雌蛛体长9～10 毫米，整个身体金黄色，头胸部颜色较深，呈黄褐色。头胸部前边窄，后边宽，8 个眼排成 2 列。螯肢黄白色，伸向头的下方，螯爪短小，成黑褐色。胸板黑色，有浅褐色纵纹。步足黄白色，前边有 2 个黑点，中间有 2 个弯曲的黑斑，后边有 4 条黑色横纹。腹部腹面黑褐色，两侧各有 1 条比较宽的黄白色纵纹。黄褐新圆蛛是水田和旱地的常见种类，能在田埂、地旁的空间或植株上层布垂直车轮状大网，网中间没有孔，能捕叶蝉、飞虱、棉盲蝽、棉铃虫、棉大卷叶螟和金刚钻的成虫。1 天能捕飞虱 8～12 头。黄褐新圆蛛 1 年发生 2 代，夏季产卵孵化的幼蛛在秋天成熟产卵，秋季产卵孵化的幼蛛至翌年夏季才能成熟，所以也叫夏秋金蛛。从初夏到晚秋都能活动取食。

8. 大腹圆蛛　体长 12～22 毫米，体色和斑纹在不同的个体之间有差异。一般的个体为黑色或黑褐色，头部扁平，中窝明显，螯肢黄褐色，胸板黑褐色，步足粗壮，腹部肥大，是棉田、玉米田和稻田的常居型种类。也常在树木间、房檐下和院内屋角等地方张结车轮状网,捕食各种害虫。

9. 四点亮腹蛛 四点亮腹蛛雄蛛体长3毫米,雌蛛体长4毫米。头胸部黑褐色,头部和颈沟附近有暗褐色斑纹,斑纹常因个体不同而有差异。螯肢伸向头部下方,呈淡黄色,螯爪黑褐色。胸腹板黑色,步足黄褐色,跗节末端色深,腹部成卵圆形灰白色,背面有4个灰褐色小点,前面两个较小,排列成梯形,所以叫四点亮腹蛛。有的个体幼蛛的腹部背面有两对很清楚的黑点或两条黑纹,长到成蛛时体色变成红褐色。有的个体腹部背面中央和两侧有黄白色或灰褐色条纹的变化,雌蛛的外雌器呈小蘑菇形状。

每年夏季的初期,在棉田中,常见四点亮腹蛛在棉株上结小型圆网,捕食棉叶蝉等小型昆虫和稻田的飞虱、叶蝉等害虫。1头四点亮腹蛛1天能捕食害虫3～74头,该蜘蛛的耐饥饿能力很强,1～20天不吃东西也饿不死。产卵时常把叶片卷折成卵室,产卵后有向卷折的叶片上抽丝的习性。圆形卵袋初产时乳白色,后转呈淡黄色,每1个卵袋有卵粒20～113粒。幼蛛腹部背面有两对明显的黑斑或连成两条黑纹。

10. 卵腹肖蛸 卵腹肖蛸也叫圆尾肖蛸。雄蛛体长6～8毫米,雌蛛体长8～9毫米。头胸部和足为淡黄色,头胸部的中窝前有时候能看到1个"V"字形暗色纹,中窝两侧有圆括弧形黑褐色缘线。雌蛛螯肢的长度略大于头胸部长度的一半,雄蛛螯肢的长度接近胸部的长度。背面末端外侧由刺突,腹部较宽,接近长卵圆形,呈黄绿色,密布银色斑纹和短毛。有的腹背中央有1条棕色带,背中线上黑褐色纹并向两边分支。在棉花和玉米田的数量较多。捕食棉花害虫。

11. 日本肖蛸 也叫锥腹肖蛸。雌蛛体长8～11毫米,头胸部棕色或黄褐色,颈沟明显,背甲周缘镶有黑褐色边。胸板黑色,周围黑灰色。螯肢与头胸部等长或稍短,呈黄褐色。螯肢基部外缘没有突起,近螯肢基部的一端有1个小副齿,紧接着1个大齿。步足与螯肢颜色相同,有刺。腹背细长,前臀较宽,后臀较狭窄,背面布满褐色鳞斑,前端一般有两个黑褐色圆斑,有的个体不明显。腹背正中央有一条纵向黑色线纹。

雄蛛体长6~7毫米,体色比雌蛛稍淡,螯肢与头胸部等长或稍短,螯肢前端背面有弯曲的针刺,针刺尖端不分叉,在针刺的内侧前方有1个极小圆锥形突起。经常活动在棉花、玉米、水稻和大豆田捕食害虫。

12. 黑色蝇虎 雌性黑色蝇虎体长10~13毫米,雄性黑色蝇虎体长9~10毫米。头胸部前端黑褐色,后部中央有橙色纵带,纵带的两侧为深褐色,有浅褐色斑纹,胸腹板浅褐色,步足黄褐色,有黑褐色斑点,4对步足都粗壮多刺。腹部背面深褐色,中央有黄色纵行带纹,两侧成深褐色,初看头胸部和腹部背面都有明显的浅色中央带,纵带的后半部有4~6条黑色横纹,近末端两侧有2个白斑,腹部下面深褐色,两侧成黄褐色。能捕食蚜虫和鳞翅目、双翅目害虫。还能捕食稻纵卷叶螟的幼虫。

三、微生物天敌

微生物天敌也叫病原性天敌,就是能够引起农作物害虫的疾病发生流行和死亡的致病性真菌、细菌、病毒、立克次体、螺旋体、病原微生物和线虫等微生物。目前,在生产上使用比较广泛的害虫病原微生物主要是真菌、细菌和病毒。这些天敌对害虫的作用都是寄生在害虫的虫体上,引起害虫发生严重的传染性疾病,并能在适宜的气候条件下暴发流行,或者产生杀虫毒素,扰乱害虫的身体代谢平衡,从而引起害虫的大量死亡。

(一)病原细菌

病原细菌在害虫的微生物天敌中是数量最多的。细菌能感染很多种类的昆虫,最主要的是鳞翅目、膜翅目和双翅目的昆虫。细菌不但能感染昆虫的幼虫发病,而且有的成虫和螨类也能被感染发病。尤其是芽孢杆菌类细菌,具有对外界不良环境的抵抗能力强,繁殖快,发病周期短,毒力持续时间长,容易进行人工培养等优点。所以,在害虫的微生物防治中占有重要的位置。现在在生产上应用最广泛的主要是苏云金杆菌,也就是Bt制剂。现在大面积推广种植的转基因抗虫棉里的抗虫基因就是Bt基因,就是根据苏云金芽孢杆菌杀虫晶体蛋白氨基酸的序列,人工合成的Bt杀虫蛋白基因。由科学家通过花粉管通道的方法,把Bt杀虫基因转移到棉花里边去,培育而成的抗虫棉。

(二)病原真菌

在昆虫的病原微生物中,由真菌引起的疾病约占昆虫疾病种类的60%。害虫被真菌寄生后,常表现出表皮不正常,不想吃东西,懒洋洋的不想活动的现象,直到虫体死亡。死亡后的虫体僵硬,干枯,所以也叫硬化病或僵病。现在应用比较多的病原真菌主要有白僵菌和绿僵菌。

白僵菌和绿僵菌主要靠分生孢子传播疾病。分生孢子借助风、雨和虫体的相互接触传播到健康的虫体上,通过虫体的表皮,穿过皮肤和体壁进入体腔。少数种类能从呼吸道和消化道侵入虫体,生长发育成菌丝。菌丝在虫体里边直接吸收害虫的体液,并不断繁殖,先后进入害虫的血淋巴、脂肪体、气管和肠道等组织,直到充满整个虫体,引起血淋巴的病理变化或形成肠道堵塞,妨碍虫体的血液循环。同时产生毒素,致使虫体死亡。最后因菌丝吸干了虫体的水分,使死虫的尸体变成了干硬的僵尸(图91,图92)。在害虫死亡前后，菌丝长满虫体的内部器官，直到全部被菌丝充满并十分坚实为止。接着长出分生孢子梗，穿过虫体表皮在体外产生分生孢子，然后再借助风、雨或害虫的天敌昆虫等因素传播蔓延，扩大再侵染，引起暴发流行。

害虫感染白僵菌以后，初期表现为运动滞呆，食欲减退，静止的时候身体侧倾或头部俯伏，萎靡无力，表皮失去原来的光泽。随着病情的发展，虫体开始吐黄水或排出软粪即上吐下泻的症状，时间不长，害虫就会死亡。刚死的虫体皮肉松弛，身体柔软，内部组织液化，2～3 小时以后虫体开始变硬，3～4 天以后全身长满白毛。

白僵菌的寄主范围很广，利用白僵菌防治效果较好的害虫有棉铃虫、黏虫、菜青虫、玉米螟、大豆食心虫和金龟子等 40 多种。由于白僵菌是通过体壁直接侵入，所以像蚜虫、红蜘蛛等害虫也容易被传染发病。

(三)昆虫病毒

在自然界中，昆虫病毒病也很普遍，一般情况下，昆虫病毒专寄生昆虫，对人、畜无害，所以，被用来防治农林害虫的潜力很大。现在用在防治棉铃虫上的以颗粒体和核多角体病毒为主。病毒感染昆虫的途径一是通过取食感染，另外是通过皮肤感染。棉铃虫幼虫感染核多角体病毒以后，开始不表现症状，体色成暗褐色，但皮肤有退色现象，有时带灰白色，同时虫体膨大，内部器官和表皮细胞多数已被感染。4～5 天以后才表现出不安宁状态，细胞和组织开始液化解体，停止取食，到处爬行，最后用腹足倒挂死亡。虫体表面脆软，一碰就破，流出褐色和灰白色脓液。

棉铃虫幼虫对核多角体病毒的敏感性随幼虫龄期的大小而变化。据试验，一龄幼虫的死亡高峰在感染后第六天，死亡率为 85%，二龄幼虫的死亡高峰在感染后第八天，死亡率为 80%，田间防治剂量以每 667 平方米 40 克制剂稀释喷雾防治效果较好。喷雾时间应选在阴天或晴天的傍晚。因为气温在 33℃以上的晴天，在太阳紫外线的照射下，病毒容易被杀伤，虫体不易被感染，从而影响防治效果。

第八章　棉田常用农药及使用方法

一、防治棉蚜、红蜘蛛、棉蓟马常用药剂及使用方法

1. 用吡虫啉 2.5％乳油 11.25～18.75 克/公顷，喷雾防治棉蚜。（低毒）

2. 用 20％甲氰菊酯乳油 120～150 克/公顷（8～10 克/每 667 平方米）对水喷雾防治红蜘蛛、棉铃虫、红铃虫。（低毒）

3. 用 2％高渗吡虫啉（蚜虱消）2 000～3 000 倍液，喷雾防治棉蚜、棉蓟马。（中毒）

4. 用高效氯氰菊酯 25 克/升乳油 7.5～22.5 克/公顷，喷雾防治棉蚜、红蜘蛛、棉铃虫、红铃虫。（中毒）

5. 用 20％哒嗪硫磷乳油 800～1 000 倍液喷雾防治棉蚜、棉铃虫。（低毒）

6. 用 30％松脂酸钠水乳剂 1 000～2 000 毫克/千克，（1 000～2 000 倍液）喷雾防治棉蚜、红蜘蛛。（低毒）

7. 用 1.8％阿维菌素乳油 21.6～32.4 克/公顷，喷雾防治棉红蜘蛛、棉铃虫。（低毒）

8. 用 50％二嗪磷乳油 750～900 克/公顷喷雾防治棉蚜。（低毒）

9. 用 50％辛硫磷乳油 1 000～1 500 倍液喷雾，或用 25％伏杀硫磷乳油 1 000～1 500 倍液喷雾，防治棉蓟马。（中毒）

10. 20％丁硫克百威乳油 90～180 克/公顷喷雾防治棉蚜效果好。（中毒）

二、防治棉铃虫的常用药剂及使用方法

1. 第二代棉铃虫发生期用20%甲氰菊酯乳油120～150克/公顷,喷雾防治棉铃虫、红铃虫、红蜘蛛。(低毒)

2. 第三、第四代棉铃虫发生期用顺式氯氰菊酯30克/升乳油30～45克/公顷,喷雾防治棉铃虫、棉盲蝽象。(中等毒性)

3. 用高效氯氰菊酯25克/升乳油7.5～22.5克/公顷,喷雾防治棉铃虫、红铃虫、兼治棉红蜘蛛。(中毒)

4. 用1.8%阿维菌素乳油21.6～32.4克/公顷喷雾,防治棉铃虫、红蜘蛛。(低毒)

5. 用氟铃脲5%乳油105～120克/公顷,喷雾防治棉铃虫。(低毒)

6. 3.8%用高氯·甲维盐乳油31.4～39.9克/公顷,喷雾防治棉铃虫。(低毒)

7. 用30%乙酰甲胺磷乳油450～900克/公顷,喷雾防治棉铃虫、棉蚜。(低毒)

8. 5%氯氰菊酯乳油67.5～90克/公顷喷雾,防治棉铃虫。(低毒)

9. 20%丙溴磷乳油300～450克/公顷喷雾,防治棉铃虫。(低毒)

10. 20%氟铃·辛硫磷乳油180～270克/公顷喷雾,防治棉铃虫。(低毒)

11. 40%灭多威可溶性粉剂180～240克/公顷喷雾,防治棉铃虫。(低毒)

12. 5%用氟铃脲乳油90～120克/公顷喷雾,防治棉铃虫。(低毒)

13. 用棉铃虫核多角体病毒20亿PIB/毫升悬丝剂1 350～

1 800毫升制剂/公顷(1 000倍液)喷雾,(但应注意,病毒制剂的喷药时间应以阴天或晴天的傍晚喷药效果较好)。防治棉铃虫。(低毒)

三、防治棉尖象甲、棉盲蝽、棉造桥虫及其他害虫的常用药剂及使用方法

1. 每667平方米用2.5%敌百虫粉或2.5%的乐果粉1.5～2千克喷粉,可防治棉小象鼻虫和棉盲蝽。(低毒)

2. 45%马拉硫磷乳油375～750克/公顷喷雾,防治棉蚜、棉盲蝽象、叶蝉等害虫。(低毒)

3. 用6%四聚乙醛颗粒剂360～490克/公顷撒施,防治棉花田蜗牛。(低毒)

4. 用90%晶体敌百虫500克对适量水拌炒香的棉籽饼粉10千克,傍晚顺垄撒施在棉田,可诱杀蜗牛、地老虎和蝗虫等害虫。(低毒)

5. 用25%甲萘威(西维因)可湿性粉剂300～500倍液喷雾,可防治棉蚜、蓟马、叶蝉、金刚钻、造桥虫、棉铃虫、红铃虫等多种害虫。(中毒)

6. 用高效氯氰菊酯25克/升乳油7.5～22.5/公顷喷雾,可防治棉大造桥虫、棉小造桥虫和金刚钻等害虫。(中毒)

7. 顺式氯氰菊酯50克/升乳油25.5～34.5克/公顷喷雾防治棉盲蝽象。(中毒)

8. 用45%杀螟硫磷乳油375～750克/公顷喷雾防治棉蚜、叶蝉、造桥虫、棉铃虫、红铃虫等多种害虫。(中毒)

9. 用50%～80%敌敌畏乳油600～1 200克/公顷喷雾,棉蚜、造桥虫等害虫。(中毒)

四、防治棉花病害的常用药剂及使用方法

1. 用25%多菌灵可湿性粉剂300～400倍液灌根,或用25%多菌灵可湿性粉剂500倍液喷雾,均可防治棉花苗病。(低毒)

2. 用20%甲基立枯磷乳油200～300克/100千克种子拌种,可防治棉苗立枯病。(低毒)

3. 用多抗霉素1.5%、2%、3%可湿性粉剂100～200单位药液喷雾,可防治棉褐斑病、立枯病。(低毒)

4. 用90%三乙膦酸铝可溶性粉剂400～800倍液喷雾,防治棉花疫病。(低毒)

5. 0.5%氨基寡糖素水剂400倍液喷雾,防治黄萎病。(低毒)

6. 用枯草芽孢杆菌10亿活芽孢/克可湿性粉剂1:10～15药种比拌种,或用1 125～1 500克制剂/公顷喷雾,均可防治棉花黄萎病。(低毒)

7. 0.05%核苷酸水剂1 800～2 250毫升制剂/公顷喷雾,防治棉花黄萎病。(低毒)

8. 30%乙蒜素乳油292.5～360克/公顷喷雾,防治棉花枯萎病。(低毒)

9. 用百菌清5%水剂112.5～187.5克/公顷(200～300倍液)喷雾,防治棉花枯萎病。(低毒)

10. 32%唑酮·乙蒜素乳油199.5～300克/公顷喷雾,防治棉花枯萎病。(中毒)

11. 用72%农用链霉素500万单位可湿性粉剂对水30升喷雾,或用77.2%氢氧化铜1 000～1 200倍液喷雾,均可防治棉花细菌性角斑病。(低毒)

五、农药废弃物的安全处理

在农药的使用过程中往往会出现农药废弃物,这些废弃物如果不加强控制与管理,将会造成土壤、空气和水源等环境污染,对人类的健康和安全造成潜在的危险。所以,对使用后的农药废弃物的安全处理,对人类的生存环境具有十分重要的意义。

(一)农药废弃物的来源

主要包括以下几个方面:农药废弃包装器,包括装农药的瓶、桶、罐、袋等。施药后剩余的药液。农药污染过的物品及其清洗液或处理物。在非施药场所溢漏的农药以及用于处理溢漏农药的材料和物品。由于储藏时间过长或受环境条件的影响,变质、失效的农药。

(二)农药废弃物处理的一般原则

要遵守有关的法律和管理条例。农药废弃物不要堆放时间太长再处理。如果对农药废弃物不确定,要征求有关专家意见,妥善处理。在进行农药废弃物的处理时,要穿戴和农药适应的保护服装。不要在对人、家畜、作物和其他植物以及食品和水源有害处的地方处理农药废弃物。不要无选择的随意堆放和遗弃农药。

(三)农药废弃物的安全处理方法

农药废弃物的安全处理必须采取有效的方法,才能保证人畜安全和防止环境污染。

第一,被国家指定技术部门确认的变质、失效及淘汰的农药应予销毁。高毒农药一般先经化学处理,而后在具有防渗结构的沟槽中掩埋,要求远离住宅区和水源,并设立“有毒”标志。对低毒、中毒农药应掩埋于远离住宅区和水源的深坑中。凡是焚烧、销毁的农药应在专门的炉坑中进行处理。

第二,在非使用场所溢漏的农药要及时处理。在处理溢漏的农药时,作业人员要穿戴防护服(如手套、口罩、靴子、护眼镜等,有条件的要穿戴防化服和防毒面具。)对发生农药溢漏的污染区要划出警戒线,以防儿童和动物靠近或接触。对于粉剂和颗粒剂等固态农药,要用干沙或土掩盖并清扫到安全地带或施药区。对于乳油等液态农药,要用锯末、干土或炉灰等粒状吸附物进行清理。对于毒性高,泄漏量大的农药,要按照高毒农药的处理方式进行处理,决不允许把清洗后的水倒入下水道、渠沟和池塘等水源地。

第三,对于农药包装废弃物要严禁作为其他用品。同时不能随处丢放,要妥善处理。对完好无损的包装物可由销售部门或生产厂家统一回收,高毒农药的破损包装物要按照高毒农药的处理办法进行处理。对于装农药的金属罐、玻璃瓶以及塑料容器、包装桶等,要经过清洗、破坏后,再进行深埋处理。绝对不要用这些装过农药的有毒容器装食品和饮料。以防人畜中毒。另外,在进行农药废弃物处理之前,对农药废弃物的处理方法及其处理场地,一定要在征得当地环保部门的同意后,方可进行处理。

第九章　棉花保蕾保铃技术

棉花生产中常出现蕾铃大量脱落现象，对棉花产量的影响很大。造成棉花蕾铃脱落的原因很多，只要我们知道了棉花蕾铃脱落的原因和规律，对症下药，就会取得事半功倍的保蕾铃效果。调查研究结果表明，棉花蕾铃脱落的原因和规律有以下几个方面。

一、蕾铃脱落的原因

(一)生理性脱落

生理性脱落，是棉花蕾铃脱落的基本原因，约占蕾铃脱落率的60%～70%。即当外界生态环境条件如肥、水、光照和温度不适合，影响了棉株的光合作用，引起棉株体内的有机营养供应不足或者体内营养分配不当，造成棉株生长瘦弱或者徒长时，使蕾铃得不到充足的养料供应而脱落。

(二)土壤营养元素比例失调

1. 氮素　如氮肥不足，会造成植株弱小，根系发育不良，叶面积小，对无机营养的吸收少，有机养料制造不足，导致棉株枝条的营养供应不上，引起的蕾铃脱落严重。如果氮肥使用过多，加上水分充足时，使营养物质过多的消耗在顶芽、侧芽和枝叶等营养器官上，不往蕾、花、铃等生殖器官上转移，则会造成营养生长和生殖生长比例失调，导致蕾铃得不到营养供给而脱落，棉株枝肥叶壮的徒长现象。

2. 磷素　磷素营养在蕾铃脱落中也起着重要的作用。磷素营养不仅有利于光合作用过程中形成大量的糖类,并能促进棉株体内的水解过程,加速棉叶内糖类的迅速外运,积累到蕾铃中去。因此,棉花在花期喷施磷肥是减少蕾铃脱落的有效措施。如果土壤中有效磷的含量不足,棉株营养生长瘦弱,也会造成蕾铃脱落偏多。

3. 钾素 若土中缺钾,造成棉株营养失调,诱发棉花"红叶茎枯病",会导致蕾铃严重脱落。

4. 硼素 硼素营养在蕾铃脱落中有一定的作用。硼素营养不仅影响棉花生殖器官的发育,而且能加速碳水化合物的形成和运输,有利于营养物质向生殖器官输送。所以,缺硼容易造成幼蕾脱落,幼蕾脱落前苞叶往往张开,与被棉铃虫幼虫钻蛀后的症状相似。棉铃也因营养不足,发育缓慢而脱落,造成成铃少,铃小的现象。

5. 钼素 缺钼时,棉株植株矮小,老叶失绿,叶缘卷曲干枯脱落,有时可导致缺氮症状的出现,造成早衰,蕾铃脱落。

(三)蕾铃未受精

棉花为常异花授粉作物,当棉花开花时,花冠张开,花朵各蜜腺分泌蜜汁,花药开裂并散出花粉,开始进行授粉。花中雄蕊的花粉落到雌蕊的花柱柱头上,一般经过 1 小时左右可萌发伸出花粉管,花粉管伸入花柱,经过珠孔进入胚囊后,放出二个精细胞,其中一个精细胞与卵细胞结合成受精卵,将来发育成胚,另一个精细胞则与 2 个极核融合成胚乳核,以后发育成胚乳,这一过程叫做"双受精"。棉花从授粉到受精完成,约需要24～48 小时。没有完成授粉、受精过程的蕾铃易脱落。如果棉株开花时,遇到降雨、高温、干旱等不良天气时,破坏了棉花的授粉受精过程,不能使棉花正常开花授粉受精,那么这一批花蕾就都会脱落掉。因为没有经过受精的幼蕾,根本没有生长存活的能力。必然导致脱落。

(四)植物激素平衡失调

棉株体内含有生长素、赤霉素、细胞分裂素、脱落酸和乙烯等五大类内源激素。当这些植株体内的内源激素比例失调，失去平衡时，也会引起蕾铃脱落。

(五)病虫危害

当棉盲蝽、棉铃虫、棉蚜、棉花枯黄萎病、棉花红叶茎枯病的病虫危害时，也会造成蕾铃脱落。

(六)机械损伤

在棉花的生长管理过程中，由于田间管理操作不慎，或遇到强降雨、冰雹等灾害性天气的袭击，都会损伤枝叶、蕾铃，造成大量的蕾铃脱落。

(七)田间郁闭

田间密度过大，造成田间郁闭，影响通风透光，从而引起蕾铃大量脱落。

二、棉花蕾铃脱落的生物学规律

(一)脱落比例

一般约为3∶2。一般情况下，落铃率高于落蕾率。据调查，落蕾数占总脱落数的37.7%，落铃数占总脱落数的62.3%。

(二)脱落日龄

一般在现蕾后11～20天内的幼蕾脱落最多。20天以上的大蕾脱落较少。棉铃则以3～8天的幼铃最易脱落,开花后3～5天的幼铃脱落最多。超过10天以上的幼铃很少脱落。

(三)脱落部位

一般靠近下部果枝的蕾铃脱落较少,靠近上部果枝的蕾铃脱落较多。靠近主茎果节的蕾铃脱落少,远离主茎果节的蕾铃脱落较多。

(四)脱落时期

一般规律是棉株开花前脱落较少,开花后脱落率逐渐增多,到开花盛期达到脱落顶峰,以后又逐渐减少。在我国主要棉区,蕾铃脱落的高峰,一般年份常出现在7月下旬至8月上旬。如按照棉株蕾铃脱落的绝对数量计算,一般是紧接在棉株盛花期的5～10天左右。现蕾开花早的棉田,蕾铃的脱落高峰也早。现蕾开花晚的棉田,蕾铃的脱落高峰也晚。

三、保蕾保铃的主要途径和技术

(一)改善肥、水供应条件

对于瘠薄棉田,由于肥水供应不足,棉株生长常受抑制,容易早衰,增加肥水对减少蕾铃脱落有显著的效果。对于肥水供应较充足的棉田,为减少棉花蕾铃的脱落,保证棉花的增产丰收,则要根据棉花对肥水的需求特点,进行配方施肥,要适量施用氮肥,施足磷、钾肥,合理补施微肥。适时合理排、灌水。以满足棉株对肥水的需求,达到减少蕾铃脱落之目的。

(二)调节营养生长与生殖生长的关系

这一措施主要是针对肥沃的棉田,这类棉田的棉株容易徒长。通过肥、水、中耕、整枝打杈等措施加以调节和控制,使营养生长与生殖生长协调发展,同时在正确运用综合农业技术措施的基础上,适时喷施植物生长调节剂——缩节胺等化学调控物质,搞好化学调控。更好的调节棉株体内的有机营养合理分配和均衡生育的作用,满足蕾铃生长过程中对各种营养的需求,以减少蕾铃脱落。

(三)加强田间管理

合理密植,改善棉田的通风透光条件,减少荫蔽,提高棉田的光能利用率,从而减少蕾铃脱落。同时要选择光和效能高,结铃性强,脱落少的优良棉种。还要加强棉田病虫害的综合防治,特别是蕾铃期的病虫害防治工作,把因病虫危害造成的蕾铃脱落率降到最低限度。

主要参考文献

[1] 中国科学院动物研究所主编,中国主要害虫综合防治,北京:科学出版社,1979

[2] 中国植物保护学会、中国农业科学院植物保护研究所、全国农业技术推广服务中心、植物病虫害生物学国家重点实验室合编,面向21世纪的植物保护发展战略,北京:中国科学技术出版社,2001

[3] 山西省农林学校主编,农作物病虫害防治学.北京:农业出版社,1980

[4] 马存,戴小枫编著,棉花病虫害防治彩色图说.北京:中国农业出版社,1998

[5] 中国农业科学院棉花研究所主编,中国棉花栽培学,上海科学技术出版社,1983

[6] 全国农业技术推广中心编,中国植保手册－棉花病虫防治分册.中国农业出版社,2007

[7] 崔金杰,马奇祥等主编,棉花病虫害诊断与防治原色图谱.金盾出版社,2007

[8] 程翠莲 河北农业 2008.3

[9] 北京农业大学主编,植物生理学农业出版社,1981.7